明清家具鉴赏——榫卯之美

郭希孟 主编

中国林业出版社
China Forestry Publishing House

古典家具的文化特质（序一）

我国家具艺术历史悠久，有文字可考和形象可证的已有三千多年。至于有关家具的传说那就更早了。自从有了家具，它就和人们朝夕相处，在人们生活中必不可少。成为社会物质文化生活的一部分。随着人们起居形式的变化和历代匠师们的逐步改进，到明清时期，已发展为高度科学性、艺术性及实用性的优秀生活用具。不但为国人所珍视，在世界家具体系中也独树一帜、享有盛名，被誉为东方艺术的一颗明珠。它象征了一个国家和民族经济、文化的发展，并在一定程度上反映着一个国家、民族的历史特点和文化传统。

家具作为一种器物，不仅仅是单纯的日用品和陈设品，它除了满足人们的起居生活外，还具有丰富的文化内涵。如：家具与建筑的关系，家具与人体自然形态的关系、彩绘艺术、雕刻艺术在家具上的体现，表明家具是多项艺术的综合载体。家具的装饰题材，生动形象地反映了人们的审美情趣、思想观念以及思维方式和风俗习惯。在家具的组合与使用方面，几千年来，它始终与严格的传统礼制风俗和尊卑等级观念紧密结合。家具的使用最初主要是祭祀神灵和祖先，后来逐渐普及到日常使用，但只是局限在老人和有权势的贵族阶层。家具的造型、质地、装饰题材，也有着严格的等级、名分界限。概括起来说，中国古代家具的组合与使用，是与优待老人和区分尊卑贵贱的礼节联系在一起的。了解古代人们日常生活及家具使用情况，又通过古代家具的种类、造型、结构、纹饰的变化，深刻认识家具的发展过程、使用习俗始终和社会的意识形态（如：思想观念、伦理道德观念、等级观念、审美观念以及各种风俗习惯等）紧密地联系，形成系统的中华民族传统文化。这些古代文化传统一直潜移默化地影响着后人，有的被作为中华优秀传统美德而流传至今。

有人说，明清家具的造型按我们今天的生活要求并不十分舒服，还有人主张在明清家具的基础上进行必要的改良与变通，使其适应当代人的生活品味。这种思想且不评论它的对错，值得说明的是，中国传统家具的设计和使用并不是让你十分舒服的。中国有五至七千年的文明史，中国是世界著名的礼仪之邦，家具设计首先考虑的是礼。其次再照顾舒适，如果舒适和礼发生冲突，这时会毫不犹豫地把礼排在第一位。明清家具有的在使用中很不舒适，如故宫太和殿的大龙椅，哪边也不能靠，不能扶，但它是皇权至高无上的象征。体现的是威严。平常所用圈椅或扶手椅，也是相对舒服，人坐在椅上，背部挺直，两手自然搭在扶手上，两腿垂在脚帐上，这种坐姿，俗称正襟危坐，绝对是恭敬姿态，也就是传统观念中的礼。现在许多年轻人认为洋沙发、席梦思舒服，软坐软背，人坐在上面向后一仰，再翘个二郎腿，你是舒服了，但你失态了，对别人不恭敬了，不文明了。所以，继承中国传统文化，还要讲究文明、礼貌。这就叫传统，也叫文化。

就目前来讲，家具是承载中国传统文化最丰富的物质载体。从根源上讲，文化是人创造的，人创造的文化有个先决条件是必须为人服务。而为人服务的重要文化只有三类，即“吃、穿、住”。我们的家具与建筑是一体的，都属于住的范畴。每次改朝换代，新兴政权都是先恢复生产，发展经济。经济发展了，紧接着就是提高文化，每次复兴文化都是传统家具带头。如历史上著名的楚式家具、汉式家具、唐式家具、宋式家具、明式家具、清式家具。改革开放以后，引领文化风潮的还是传统家具。如今，在全国范围内，许多省、市和地区办起《家具》杂志，各报刊、媒体也多有家具专栏。许多地区的家具产业已成为当地的财政支柱产业。各地大、中拍卖行业也多以明清家具作为拍卖亮点。这些都代表了家具文化的突出性和普遍性。继承和发扬传统家具文化，不仅可以激发国人的民族自信心，增强民族自豪感，更是我们进行爱国主义教育的极好课题。

家具文化是 20 世纪 80 年代以来各项文化艺术空前发展形势下兴起的新学科，是中华文化艺术发展的产物。我们今天研究、借鉴、总结前人为我们留下的宝贵遗产，目的在于继承和发扬中华民族家具艺术，总结历史经验，为发展现代新型家具服务。这是历史赋予我们的重大使命，对宣传祖国历史文化知识和发展社会主义新文化有着重要的历史意义和现实意义。

今天，郭希孟先生的专著《明清家具鉴赏——榫卯之美》即将出版。内容主要是讲榫卯结构的。传统家具的榫卯结构是家具艺术不可忽视的重要方面。这是中国木文化的专利。在世界家具史中独树一帜，享有盛名。中国传统家具的榫卯结构多种多样，根据家具造型把来自不同方向的构件利用榫卯巧妙地组合在一起，突出反映了中国古代艺人们的聪明才智。值得我们后世去钻研、去发扬，这本书是他的亲身体会和经验总结，值得一读。

胡德生

2014.9.28

红木家具用材之美（序二）

中国人天生迷恋木材。木材是中国古代建筑和工艺器物中使用频率最高的材料，也组成了中国人的吃、穿、住、行、用的重要生活器具。在传统的五行学说中，“木”代表既白的东方，代表着生生不息，蕴含了朴实、自然的东方哲学。

红木作为木中贵族，尤其受到中国人的青睐和推崇，是明清以来中国宫廷家具的主要用材。2000 年，由我作为第一起草人的《红木》国家标准确定了 33 种树种，其木材主要包括花梨木、紫檀木、酸枝木等。红木的名贵在于生长周期长、成才不易，质地坚硬、致密，木性稳定、不阻刀，适合打磨和雕刻，材色和纹理悦目，用红木制作的家具不腐不蠹，稳固耐用，可以传承数百年。

中国人向来讲究天人合一，心物一体，赋予身外之物一种超出其本身实用价值的灵性和意蕴，使得物在自然与生活之外，多了一份文化的承载、情感的寄托和志趣的投射。集耐用、美观、名贵于一身的红木，几百年来倍受关注和瞩目，古今延续并不断发展，正是因为这些材料本身符合中国人的审美情趣，承载了丰富的中国传统文化精神。紫檀的沉静肃穆，黄花梨的温润柔美，展现着中国传统的含蓄、中和之美，符合中国人谦谦的君子之态；红木纹理的千变万化，似高山流水，又如云雾飘渺，于有限的空间内传达无限的想象，正是中国传统文化中对于神思之境的追求。

天赐美材来之不易，制作家具时更应格外精心、珍重。古典红木家具的根在于用材，魂在于榫卯。榫卯是方寸中的巧夺天工，是开合间的千年智慧，是两块木头严丝合缝、阴阳平衡的接合，一榫一卯将红木的性、质、美展现得淋漓尽致。榫卯结构藏在家具之中，是决定家具品质的关键所在。好的榫卯结构能够良好地发挥出木材本身的特性，让家具坚固而美丽，成为使用、鉴赏、收藏的珍品；顺性而为，是对木材的尊重，使家具成为展现中国传统天人合一、尊重自然的哲学观的意境载体。在当今红木木材日益减少、各国限制木材出境的背景下，对于榫卯结构等传统工艺的继承和发展，是红木家具走精品化道路的一种坚守和追求。

郭希孟先生的专著《明清家具鉴赏——榫卯之美》，正是希望从榫卯角度欣赏红木家具，号召红木行业尊重传统、坚守责任，将中国传统文化与技艺发扬光大，将珍贵精美的红木制作为件件精品，推进红木家具行业恪守专业法则，走长远发展之路。

楊家駒

2014 年 9 月

传承与坚守（前言）

红木家具产业自改革开放以来，发展出如今的一片天地，占据了今天的规模和地位，确实超出我最初的想象。回首这半辈子，从最早回收红木家具、修家具，再到后来开厂做红木家具，多多少少与传统家具文化沾了边。如今人到中年，出此一书，只为与诸位分享我与红木家具半辈子的情缘，谈谈我所了解和身处的红木家具行业。

我最早开始接触红木家具是在上世纪 80 年代，赶上回收老旧家具的风潮。明清时期，红木家具是一种身份与权贵的象征，平民百姓不能使用。离我家乡较近的河北、山西、山东这些省份，官宦府宅较多，因此保存下了较多古旧家具。那时候，人们还没有认识到红木家具的价值，我们以很低的价格就能买到一件品相良好、材质名贵的老家具。

和老家具有更亲密的接触，是在修家具时。木材纹理的千变万化、器型线条的流畅婉转、局部细节的精致细腻，让我陶醉在传统艺术的海洋里，深刻体会到明清古典家具的美。尤其是它们的神韵气度，不是简单雕琢、堆砌、切割可以得来的，而是一种大巧不工、浑然天成的意境。一条背板上雕刻的草龙，简单的一笔线条就能把龙腾云驾雾的姿态表现得活灵活现，妙不可言。

比起外在的器型、雕刻，更震撼我的，是深藏在木头里面精巧严谨的榫卯结构。拆开老家具，看见榫与卯结合得天衣无缝，拆装容易，运输方便，其实用性和牢固性远远优于现代家具的胶和螺丝。王世襄先生曾在《明式家具研究》一书中这样形容榫卯："我国家具结构传统，至宋代而愈趋成熟。自宋历明，又经过不断的改进和发展，各部位的有机组合简单明确，合乎力学原理，又十分重视实用与美观。"几千年间，榫卯衍生出千百种花样，派生极多，适用不同的家具。明清家具制作几乎用到了所有榫卯种类，展现了榫卯结构进化的最终样式。

除了精美、实用等优点，家具榫卯结构蕴含的相克相生、以制为衡的道家思想，含蓄内敛、中和为美的儒家思想以及古人顺应木性而制、与自然和谐相处的世界观，无不闪现着中国传统的哲学之光。榫卯结构使一件家具不但成为居家、鉴赏、收藏的珍品，更成为中国古典哲学思想和意境的载体。因此，榫卯结构是红木家具的魂，是中华民族的伟大智慧，也是传统文化的夺目瑰宝。在当今的红木行业里，榫卯工艺更是一个良心活儿。做家具这些年，我经常把老家具中的结构打开，给同事、工人学习，我深知榫卯的合理运用和制作的精密程度，不仅直接关系到家具结构是否严谨、牢固，影响到家具的使用寿命，更关系到家具的传承价值。一件家具如果遍布钉眼，接合扭曲，艺术和收藏价值无从谈起。

红木家具产业发展至今，逐渐找到文化自觉，逐步回归传统，作为行业中的一员，坚守文化与传统的延续，才能把红木家具做成一种艺术，一种文化，一种屹立不倒的经典。与诸位共勉。

郭希孟

2014 年 9 月

中华文明，源远流长。明清古典家具不仅是中华民族文化遗产中的绚丽瑰宝，更是华夏辉煌的写照。凯华古典家俱厂成立于八十年代初期，现有300名职工，厂房7000平方米，有80名科技人员和工艺美术师，常年致力于中国明清古典家具的研发。公司2010年被中国品牌质量管理评价中心授予全国质量服务信誉AAA级企业，并且凯华牌古典家具被评为中国著名品牌; 又于2012年被评为天津著名商标。经过数十年的不断发展，凯华建立了以山西、山东、京津、江苏、河北等省、市、地区为基地的销售网络。经过凯华人数十年不懈努力，凯华在古典家具行业中已率先成为集收藏、修复、销售、仓储、运输于一体的规范化企业，是古典家具行业中营销的典范。

· 凯华家具珍藏

本公司可根据客户要求，定做各式仿明清古典家具、古式窗花、隔扇、屏风、木雕工艺、中式古典装修。产品用料采用真正紫檀、黄花梨等高档木材，做工完全按明清家具榫卯结构仿制。

本公司还推出一批工艺精湛、融合古典与现代风格的新款仿古家具，供客户选购。

公司以打造文物仿制品牌，共享华夏文化之美为宗旨，与广大古典家具收藏者和爱好者，互通有无，相互学习。

衷心感谢信任、支持和帮助过本公司的新老客户及朋友，凯华将成为您最值得信赖的朋友。

目录

第一章

明清家具：历史的巅峰

第一节 明清家具的时代背景

我国的古典家具有着悠久的发展历史，最早的留存下形象可证和文字记载的，可以追溯到三千多年前。随着人们生活方式的变化和匠师们生产方式的改进，古典家具也在不断的改良和创新，直至明清，已发展为集艺术性、科学性和实用性于一体的完整的家具体系。明清时期是我国古典家具制造的鼎盛时期，明代家具追求神态韵律，以造型古朴典雅为特色，结构严谨，线条流畅，尺度适宜；清代家具却注重体量，提倡繁纹重饰，崇尚雕刻和镶嵌，从而以富丽、豪华独树一帜。明清家具不但被国人所推崇，也是世界家具体系中一颗亮眼的明珠，享誉盛名。它代表着封建盛世的经济、文化发展水平，象征着中国传统文化、技艺难以逾越的高度，成为中华民族的骄傲。

明清家具形成与发展的时代背景在历史渊源、经济、文化、政治等诸多方面都有迹可循，大致可分为以下六大方面：

（一）宋元家具事业的发展为明清家具奠定了基础

从10世纪中晚期开始，宋王朝展开了它经济发展、城市繁荣的画卷，宋代家具也进入了空前发展时期。

宋时，高足家具已基本成熟，为了满足人们垂足而坐的生活方式，高椅、高桌、高几应运而生，家具的高度和形制已经与明清家具相去无几。在宋代著名画家张择端的《清明上河图》中所绘的市肆小店中，摆放着各式高足家具，其中以方桌、条凳最为普遍。

宋代家具的类型丰富多样，有床、榻、案、桌、椅、凳、墩、箱、柜、衣架、巾架、盆架、屏风、镜台、凭几、懒架等。还出现了专门针对某项活动和事项而用的家具，如用来对弈的棋桌，用来抚琴的琴桌，用来宴飨的宴桌等。一种类型的家具，也发展出各种各样的造型，仅案子一类就有正方、长方、长条、圆桌、半圆桌，还有较矮的炕桌、炕案。可以说，宋代林林总总的家具样式为明清古典家具体系的成熟奠定了坚实的基础。

宋代家具在制作方面较前代也有着不小的变化，家具的装饰艺术和手段增多。宋代开始使用束腰、马蹄、蚂蚱腿、云头足、莲花托等各种装饰形式，同时使用了牙板、罗锅枨、矮佬、霸王枨、托泥、茶钟脚、收分等各种装饰部件，丰富了家具的表现形式。但和明清家具相比，还较差些。

可以说，没有宋代家具事业的繁荣和发展，就不会出现完美、精湛的明清家具。换言之，明代家具是在宋代家具发展的基础上扬长避短，去粗取精，高度提炼，使古典家具的发展进入了一个新的高度。

相对而言，元代立国时间较短，统治者也施行汉治，所以不仅在政治制度、经济体制上沿袭了宋的模式，家具方面亦是秉承宋制，造型设计和工艺技术上也没有太大的改变。但社会发展不会停滞，传统的传承也没有中断，家具仍在宋的基础上缓慢发展，形成宋与明、清之间一条不甚明显的纽带。

元代匠师在家具上做了两种尝试。一种是桌面不探出的方桌，其形象见于冯道真墓壁画，高束腰，桌面不伸出。但这种家具工艺比较复杂，故只是昙花一现，没有在明代延续下来。另一种是抽屉桌。山西文水县北峪口元墓壁画，绘有一件设有两个抽屉的桌子，造型奇特；桌面下设抽屉的创意，以后为明代所继承，沿用至清。

（二）手工艺的繁荣对明清家具的发展起了促进作用

明初，朱元璋一统中国，施行了屯田、移民、兴水利一系列符合人民利益的政策，改变了元代手工业的终身服役制度，设定“轮班”和“住作”两种新制，工匠们除去规定时间内为国家服役外，其余时间都可以“自由趁作”。这些变化都在一定程度上提高了生产者的积极性，从而也推动了社会生产的发展。

政策的变化，促使明初从事手工业的艺人较前代有所增多，技艺亦高前代一筹。明代沈德符《蔽帚斋余谈》记载道：“玩好之物，以古为贵，惟本朝则不然。永乐之剔红，宣德之铜，成化之窑，其价遂以古敌。”明张岱《陶庵梦忆》中也有类似记载：“吴中技绝，陆子冈之治玉，鲍天成之治犀，周柱之治镶嵌，赵良璧之治锡，朱碧山之治金银，马勋、荷叶李之治扇，张寄修之治琴，范昆白之治三弦子，俱可上下百年，保无敌手。”家具艺术也和其他艺术一样，从明代初期至中期也有很大的发展。

明清官营手工业如采铁铸铜、造船、烧瓷、织染、军器、火药的制作以及特种手工艺和土木建筑在质量上也都超过了前代的水平。南京的龙江造船厂、北京的军器局、宝源局、遵化铁厂、苏州织染局、饶州的御窑厂所设的工场都有细致分工。其他如绫、罗、纱、绸、明彩缎、雕漆、细木器等消费品的制造，更是数不胜数。

手工业的繁荣发展，手工技艺的大幅提升，都为明清家具的发展起到了很好的促进作用，让明清家具朝着“形、艺、韵”兼具的方向不断进步。

（三）总结工艺技术的书籍为明清家具的发展提供了参考和借鉴

明清时期，总结各种工艺技术经验的专门书籍逐渐增多。明代黄成所编著的《髹饰录》一书，全面论述了漆工艺的历史、工艺、分类和特点等，是一部研究工作漆工史的重要著作。这些工艺在明代漆家具上都有所体现，直到现在仍有重要的研究和借鉴价值。

木作家具方面的专著当推《鲁班经匠家镜》一书。此书为明代万历年北京提督工部御匠司司正午荣汇编，分为建筑和家具两部分，其中对家具作了详尽的分类。如：椅凳类、桌案类、床榻类、橱柜类、台架类、屏座类等。第一类中又分别叙述不同形式。如床榻类中有大床、禅床、凉床、藤床等；桌案类有一字桌、案桌、摺桌、圆桌、琴桌、棋桌、方桌等。其他如选材、卯榫结构、家具尺寸、装饰花纹及线脚等，都作了详细的规定和记述。《鲁班经匠家镜》一书是建筑的营造法式和家具制造的经验总结。它的问世，对明代家具的发展和形成起了重大的推动作用。

有关家具方面的书籍还有明代文震亨所编的《长物志》。书中对各类家具一一作了具体分析和研究，对家具的用材、制作、式样分别给予优劣雅俗的评价。明代高濂编著的《遵生八笺》还把家具制作和养生结合起来，提出独到的见解。这些书籍的出现指导了家具形式的设计和制作生产工艺的提高，并丰富了家具制作的理论体系。

清代的李渔所著的《笠翁偶集》中提到了一些关于家具的见解，在中国家具发展史上具有一定地位，对明清家具的发展起到了推动作用。

（四）海外贸易为明清家具准备了物质条件

明代前期，由于封建经济的发展，东南沿海手工业的繁荣，加上当时罗盘针的发明与使用、造船技术的提高、气象的观测、地图的绘制及航路的勘探，给海外贸易的发展创造了有利条件。中国明代海外贸易主要是日本、吕宋、南洋各国和东南亚各国。明朝与南洋各国的联系更为密切。南洋各国盛产金银珠宝、各种香料以及珍贵木材。由于经济的发展、社会的稳定，统治阶级过起奢侈的生活，这些进口的器物与材料正合他们的需要。永乐至宣德时期，为了宣扬国威，特派三宝太监郑和七次出使西洋，进行贸易交往。其规模之大，航线之远，时间之长，往返之频繁，是世界航海史上所罕见。贸易采购回国的主要有香料、椰子、锡沙、淡金、宝石和各类优质木材。大批优质木材源源不断地运到中国。明代家具的突出特点之一是它的材质优良。海外贸易的发展，为明式家具的制作提供了充足的物质基础。

（五）文人参与提高了明代家具的品格和神韵

在中国家具的发展史中，明代的文人最为活跃，文人阐述家具理论之繁，参与家具设计之多，都是任何一个朝代无法与之比拟的。

明代早期，在专制政治和大兴文字狱的高压下，无数文人直接或间接的死于非命，在这样的血淋淋的事实面前，众多文人为明哲保身，选择远离政治漩涡，投身于诗词歌赋、琴棋书画这样单纯的审美领域。更有一些文人不得不习得一门手艺苟且偷生，因而，在木香弥散的家具作坊了，集聚了不少怀才不遇、谨小慎微的隐匿之士。他们把对仕途的孜孜追求投射在家具制作的精益求精上，把格调高雅的审美观应用在家具的设计上，终成一代大师。

明代中期以后，政治上的稳定和经济上的繁荣，造就了文人阶层的闲适安逸。尤其是嘉靖以后，文人阶层的喜好和需求，推动者家具品种和形制的发展，形成了以乡绅、文官、儒商、文人、艺术家等为消费主体的“文人家具”。中国古代文人是一个知识渊博的阶层，他们对生活的理解、对精神的追求都很独到（如天圆地方的太师椅造型），对产品的造型、加工更加刻薄，这些都促进了我国家具从形态到神韵的发展。

据王世襄先生研究，清代家具的创新与发展也离不开学士名流的参与，他们设计家具的造型，指挥工匠做工，创造出来独树一帜的清式家具。代表人物有刘源、李渔、释大汕等。刘源是一位多才多艺的艺术家，他能诗能文，又善于制作木器、漆器。李渔是一位戏曲家兼园林设计和室内装饰专家，他对于家具设计有着独到的见解，对清式家具的发展产生了一定的影响。释大汕擅于利用各种材料制作不同的家具及饰品，并富有新意，对广式家具的发展起到了一定的作用。

（六）住宅园林的兴建为明清家具带来了消费市场

明代前期，由于农业和手工业的高速发展，商品经济的繁荣，使得城市建设也得到很大发展，园林、住宅，装修精丽，且规模庞大，有的甚至多至千余间。明朝政府不得不制定严格的住宅等级制度加以限制。规定一品二品厅堂五间九架，三品至五品厅堂五间七架，六品至九品厅堂三间七架……不许在宅前后左右多占地，构亭馆，开池塘。“庶民庐舍不过三间五架，不许用斗拱，饰彩色。”尽管如此，仍有不少达官、富商和大地主不遵守这些规定。统治阶级为了满足物质与精神上的享受，官僚地主为了显示其富豪，役使大批奴仆，加上宾客来往之多，都需要大量房屋和活动场所，需要有不同用途的使用建筑和观赏建筑，并根据不同使用要求配备大批的与其适应的家具。这种趋势，必然对家具事业的发展起到相应的推动作用。

从康熙末至雍正、乾隆，乃至嘉庆这一百年，是清代历史上的兴盛期，也是清代家具发展的鼎盛期。此时，清帝国疆域辽阔，政治稳定，经济繁荣，海内升平。清廷大规模建造离宫别苑，八旗贵族以及汉族上层社会也大兴土木，广建豪宅。人靠衣装马靠鞍，华堂也需美器配，由于人们的生活习尚及审美情趣已与明代时不同，清代室内陈设的风格也发生了改变，所需的用来布置室内的家具显著增多，致使出现了空前庞大的中、高档家具消费市场。

第二节 明清家具的风格特点

（一）明式家具的风格特点

明式家具并非明代家具，而是指明代中期至清代前期（包括康熙、雍正早期）所制作的一系列选材精良、做工考究、造型优美、风格典雅的家具形式，主要产地为苏州、东山、松江一带，人们习惯上称明式家具为苏式家具。明式家具具有深远的美学造诣，它将中国传统思想哲学、文人的审美意蕴和匠师们高超的制作技艺相结合，实现了形、材、艺、韵的融会贯通，被后人称之为木质的诗篇。

品评明式家具的标准通常为“精、巧、简、雅”四字。

“精”即选材精良。明式家具多选用黄花梨、紫檀、红木、铁力木等名贵硬木，它们质地坚硬密实、颜色温润静雅、纹理优美生动。其中，黄花梨最为明代的文人士大夫们推崇和青睐，它质地坚恳，油性大、不阻刀，适雕刻、宜打磨；颜色温润柔美，呈现从金黄到深红的一系列丰富的暖色系的色调变化；纹理千变万化，有鬼眼纹、云纹、山水文、蜘蛛纹、虎皮纹等，形态各异，活泼可爱。王世襄先生曾评价说：“黄花梨木颜色不静不喧，恰到好处，纹理或隐或现，生动多变。”黄花梨自然柔美的视觉感受，激发着文人与匠师一起创造了质朴天然、简练明快、空灵俊秀的造型形式与之相应，木材与性质相得益彰、交相辉映。

“巧”即制作精巧。明式家具制作工艺精细，由于文人士大夫阶层对家具品质、细节的严苛要求，导致很多家庭长期雇佣一些能工巧匠专门为其服务，他们制作一件或一套家具，往往不厌其烦翻来覆去地做很多次，直到各部分的尺度、比例及造型符合自己的欣赏眼光为止。明代家具的造型结构，十分重视与厅堂建筑相配套，家具本身的整体配置也主次井然，陈列在厅堂里有装饰环境、填补空间的巧妙作用。明式家具还发展出种类多样、巧夺天工的榫卯结构，它们利用木头本身的力的结合，让家具部件合理连接，天衣无缝，坚实牢固，经久不变。

“简”即造型简练。尽管家具样式丰富多变，家具造型样式纷呈，但“简练”是明式家具的共同追求。在王世襄先生的《明式家具研究》中，即把“简练”列为明式家具的第一品。追求简练必然要求少装饰、少配件，因此线条成为了表达明式家具的主要手段。明式家具线条雄劲流畅，讲究方中有圆、圆中有方的变化，简单的线条组合，能给人以静而美、简而稳、舒朗而空灵的艺术效果。

“雅”即风格典雅。雅，是一种文化，一种意境。明代文人崇尚“雅”，官宦富贾也附庸“雅”，工匠们也迎合文人们的雅趣，所以形成了明式家具“雅”的品性。中国古代遵循“丹漆不文，白玉不雕。宝珠不饰，何也？质有余者不受饰也，至质至美”的艺术传统，雅在家具上的体现，即是造型上的简练，装饰上的朴素，色泽上的清新自然，而无矫揉造作之弊，展现出一种天然去雕饰、清水出芙蓉般的魅力。如装饰寓于造型之中，以集中在牙板、背板、交足处小面积的镂雕和镶嵌，点缀整体，精练扼要，不失朴素大方，以清秀雅致见长，以简练大方取胜。

（二）清式家具的风格特点

清初，家具还保留着明式家具的风格和特点，只在体量上有所加大。至乾隆年间，清代家具与明代家具相比，已发生了极大的变化，形成了独特的风格，这种风格在家具史上通常被称为“清式家具”。

具体而言，清式家具具有以下特点：

其一、品类上的创新。清式家具的品种可谓繁多，款式可谓新颖，尤其是清式宫廷家具，最喜欢标新立异。比如，清代的李渔就主张几案多设抽屉，橱柜多加搁板，从而开清式书案、多宝格之先河。清式家具不再像明式家具以“简”为美，而是从家具外形和功能上增加了许多新元素。比如清代有一种拔步床，床上不仅有帽架、衣架、瓶托、灯台、悬余架，甚至还有可以升降的痰桶架。此外，清式家具的造型也变化多端。多年来，海内外的博物馆及收藏家搜集了各式各样清式家具的奇特品种，有些家具至今难以猜测其身份。

其二、用材上的广阔。清式家具喜用色泽深沉、质地密实、纹理精美的珍贵硬木，尤以紫檀为首选。清中期以前的宫廷家具，选料最为严苛，木材的品种必须相同，或用紫檀或用红木，绝对不能把几种木材掺料使用；为了保证纹理和颜色的一致，有的家具甚至用同一根木料制成；木料外观要求无疖无疤，无白皮，色泽饱满匀称，有一点不符合，就弃之不用，绝不将就。

其三、装饰上的丰富。装饰上的求满、求多，是清式家具最显著的特征。由于皇宫布置的特殊要求，清式家具追求瑰丽多姿、雍容华贵的装饰效果，工匠们几乎使用了当时一切可以利用的装饰材料，尝试了一切可以采用的装饰手法，来打造华丽精美的清式家具。王世襄先生曾经这样评价清式家具：“清式家具，尤其是宫廷家具，多施雕刻，把许多工艺美术的手法和作品吸收作为家具的装饰手法和题材，五光十色，琳琅满目。金漆描绘、雕漆填漆、螺钿镶嵌、玉石象牙、珐琅瓷片、银丝竹簧、椰壳、黄杨……富丽大观……”

其四、风格上融会中西。从传世的清式家具中，人们很容易感受到外来文化，特别是西方艺术的浓浓气息。清式家具不仅继承了明式的优点，而且，对西方文明也进行了大胆借用。从现存的清式家具来看，采用西洋装饰图案或装饰手法者占有相当的比重。

（三）清代各地域家具的风格

近些年，我国传统家具艺术研究取得了

很多可喜的成果，尤其是很多散藏在民间的优秀的“清代家具”与“清式家具”作品不断出现，这些作品逐渐明确了“清代家具”与“清式家具”的主要特征。“清代家具”与“清式家具”是两个概念经常被人们混淆，“清代家具”是指制作于清代的家具，与前代相比，它不仅包涵了“清式家具”风格，更突出的特点是地方家具风格的成熟，如“苏作”“广作”“京作”“晋作”“鲁作”等，它们都带有强烈的地域特色，极大地丰富了我国传统家具的内涵。

1. 苏作

苏作家具是指以江苏省为中心的长江下游一代所生产的家具，其中以苏州最为突出。它以造型优美、线条流畅、结构合理、比例适宜等特点和朴素大方的风格博得世人的赞誉。用料节俭是苏式家具的特点之一。由于苏州地区的硬木来源远不及广州、北京充实，只能靠海上通道而来，得之不易。因此，苏州的工匠们在制作家具前，要对每一块木料进行反复观察、衡量、精打细算，尽可能把木质纹理整洁美丽的部位用在表面上。苏作家具常使用包浆工艺，即用杂木为骨架，外面镶贴硬木薄板，由于手法高超，成器后的包浆家具很难看出破绽。另外，苏作家具的纹饰多取自历代名人画稿，以松、竹、梅、山石、花鸟以及各种神话人物、吉祥神兽为题材，取其谐音，寓意吉祥。

2. 广作

广作家具是指以广东为中心，广州地区生产的家具，自清代中叶形成自己的风格，成为清代家具的经典款式之一。因广州地区强制开放通商较早，可以说是我国门户开放的最前沿，是东南亚优质木材进口的主要通道，同时又是我国贵重木材的重要产地。得天独厚的地理位置使得广作家具既继承中国传统家具的优秀传统，又吸收西方文化艺术和家具造型手法，创造了用料精壮、雕琢华丽、镶嵌豪华、样式西化的独特风貌。广作家具用料粗大，大多用一木独板制成，常用紫檀或酸枝，且不加漆饰，使木质完全裸露。它的雕刻风格，在一定程度上受西方建筑雕塑的影响，所刻花纹隆起较高，个别部位近似圆雕。装饰纹饰喜用西番莲纹，西番莲纹在西方纹样中的特殊地位，就好像是中国的牡丹。

3. 京作

京作家具不是一般的民间用品，而是指宫廷作坊在北京制造的家具，以紫檀、黄花梨和红木等几种硬木家具为主。京作家具取广、苏二作之长，融百工之巧思，化西洋之风气为己用，实为中国古典家具制作之高峰。因统治阶层生活起居和皇宫布置的特殊要求，京作家具形成了沉厚宽大、精巧瑰丽、豪华气派、庄重威严的风格特点。

（1）皇气十足

京作家具的特点之一是“皇气”十足，从雍正、乾隆年间开始，清庭及达官显贵阶层在生活中不断追求豪华气派，家具规格都比明式要宽大，用料也随之加粗，雕刻装饰的比例也随之雄浑，稳重、繁缛与豪华绚丽的装饰风格，以显示清庭的“皇气”。又由于宫廷造办处财力、物力雄厚，制作家具不惜工本和用料，装饰力求华丽，非其他家具可比，使京作家具形成了气派豪华以及与各种工艺品相结合的特点。

（2）结构合理

京作家具的榫卯结构讲究，被业内人士普遍认为，代表了中国古典家具的“最高水准”，也代表着明式、清式家具的“主流”。虽然京作家具自成一派的时间较苏作、广作晚，但由于其诞生地北京的一年四季分明、气候差异明显，直接促使工匠们所打造的京作家具在卯榫结构等方面最为完善合理。制作上，始终贯彻“红木虽贵，但决不弄虚作假；工艺虽繁，但决不偷减序”的原则，严格按照“煮料—自然干—开料—烘干—选料—制作”的流程，达到家具变形、开裂、收缩的最小化。

（3）装饰繁复

京作家具在装饰手法上注重形式，不惜功力、用料，工艺精良达到了无以复加的程度。在装饰上力求华丽，并注意与各种工艺品相结合，使用了金银、玉石、宝石、珊瑚、象牙及百宝镶嵌等不同质 的装饰材料；珐琅嵌、瓷嵌也是当时重要的装饰手法，描金、彩绘在清式家具中都占有一定地位。装饰题材上，京作家具的特点是将商代的青铜器和汉代石刻艺术吸取到家具的雕刻装饰中，将青铜器文化与石刻艺术融汇进家具艺术之中。常用的纹饰有夔龙、夔凤、螭虎蚊、蟠纹、兽面纹、雷纹与勾卷纹等，这是与苏式和广式完全不同的纹饰。

4. 晋作

晋作家具（也称为晋式家具），指从清乾隆之后到民国初期前的在山西境内发展起来的以就地取材（核桃木、榆木、松木、槐木、杨木等），由本地木匠进行制作的，供广大平民、官宦家庭等社会中下层使用的，充满地方特色和乡土气息为特征的家具流派，与传统的广作、京作、苏作三地家具相比，艺术风格和历史价值毫不逊色。晋作家具仿红木家又渗入地域文化特征，将山西丰富而悠久的宗教文化、建筑文化、戏剧文化、民间艺术及晋商文化和审美进行融合，这类家具表面多需要用漆来保护，主要是生漆和彩漆，以黑色、红色和黑红色漆为主要流行色。

第二章

榫卯结构：家具的灵魂

第一节 历史演变

王世襄先生曾在《明式家具研究》一书中提到："我国家具结构传统，至宋代而愈趋成熟。自宋历明，又经过不断的改进和发展，各部位的有机组合简单明确，合乎力学原理，又十分重视实用与美观。"这个"结构"，便是指榫卯结构。伴随着中华民族的繁衍生息，几千年来，榫卯结构也不断地发展、改进，派生出极多的样式，适用于不同的家具，成就了中国古典家具经典不朽的地位。

家具上的榫卯结构起源于建筑中的榫卯结构。1972 年，在浙江省距宁波市区 30 公里处的余姚市河姆渡镇，考古学家发现了距今七千年左右的新石器文化遗址，遗址上发现了大量存有榫卯结构的木质构件，这些构件结构广泛应用在河姆渡干栏式的房屋建造上，它们是双层凸榫、凸型方榫、圆榫、燕尾榫、企口榫等榫卯形式的雏形。这次发现为中国古建筑榫卯结构的起源作了明确的时间定义，让榫卯成为比汉字更早的民族记忆。在其后的半坡遗址中，也发现了木建筑的遗迹，根据房址四壁板柱间缠绕的藤条遗迹，可以推断出当时采用的大概是捆绑结合。

战国时代匠师们所采用的榫卯接合方法已多达数十种，举凡现代木构所应用的主要榫接合都已被发展及应用，源于建筑的榫卯结构，在家具上也已经被充分使用。战国出土的棺上，如湖南长沙出土的燕尾榫、湖南长沙出土的两板拼接的搭边榫、河南出土的楔子榫、河南信阳出土的银锭榫、湖南长沙出土的格角榫等证明榫卯已经达到了非常精巧的程度。以上的榫卯结构都是出自战国墓葬，可见战国时期木构架的制造技术，已经达到了很高的水平。榫卯结构直接用于家具上的例证也很多，在出土的春秋战国漆木家具中是随处可见的，精美的漆木家具和高超的卯榫技术，令人叹为观止。湖北当阳赵巷出土的春秋漆俎榫卯图证实在春秋战国漆木家具中，已经存在明榫、暗榫、通榫、半榫、燕尾榫等。明榫用于壁板的交角处，暗榫、十榫用于台面，燕尾榫用于板与板面的拼接，通榫用于台面与腿或腿与底座。

传统木建筑榫卯结构至宋代达到巅峰。一整栋大型宫殿成千上万的构件，不靠一枚钉就能紧紧扣在一起，实属精巧。每当榫卯构件受到更大的压力时，就会变得更加牢固。古老的木构建筑可以经历多次地震之后依然安然无恙，除了由于木材的延展力强之外，还因有一个个的榫卯在挽手维系着。1937 年，当中国近代研究传统建筑的先驱梁思成教授，经过长途跋涉，几经艰辛，在山西五台山找到一座简练古朴的庙宇时，这座兴建于唐代大中十一年 (857) 的佛光寺已经在山野丛林中静候了一千多年，梁柱间的榫卯结构还像当初一样互相紧扣，不离不弃。

家具的发展规律是传承了传统建筑木结构原理。到明清时代，榫卯结构在红木家具这一载体上进一步得到发扬光大。在红木家具的制作上，几乎用到了所有的榫卯种类，展现了榫卯结构进化的最终样式，其工艺之精确，扣合之严密，间不容发、天衣无缝。

第二节 结构类型

本章节榫卯介绍均节选自王世襄先生的《明式家具研究》一书（三联出版社，2014 年，231 ~ 254 页），并根据书中的线描图绘制了具有代表性的榫卯结构效果图，供读者参考交流。

（图1）龙凤榫

（图2）穿带榫

（图3）银锭榫

（一）基本接合

1. 平板接合

（1）龙凤榫（图 1）：较简易的薄板拼合有如现代木工的榫槽与榫舌拼接。考究的则榫舌断面造成半个银锭榫式样，榫槽则用一种“扫膛刨”开出下大上小的槽口，匠师称之曰“龙凤榫”。此种造法加大了榫卯的胶合面，可防止拼口上下翘错，并不使拼板从横向拉开。

（2）穿带榫（图 2）：为了进一步防止拼板弯翘，横着还加“穿带”，即穿嵌的一面造有梯形长榫的木条。木板背面的带口及穿带的梯形长榫均一端稍窄，一端稍宽，名曰“出梢（音 sh à o)”。所以略具梯形，为的是可

（图4）透榫、半榫

（图5）燕尾榫

以贯穿牢紧。出梢要适当，如两端相差太大，穿带容易往回窜；如相差太小，乃至没有出梢，则穿带不紧，并有从带口的另一头穿出去的可能。穿带以靠近面板的两端为宜，除极小件外，一般邻边的两根带各距面板尽端约 1 5 厘米，中间则视板的长度来定穿带根数，大约每隔 40 厘米用穿带一根为宜。

（3）银锭榫（图 3）：厚板拼合常用平口胶合，也不用穿带，但两板的拼口必须用极长刨床的刨子刨刮得十分平直，使两个拼面完全贴实，才能粘合牢固。厚板有的用栽榫来拼合，而栽榫有的为直榫，有的为走马销（走马销将在后面讲到）。厚板拼合偶或在底面拼口处挖槽填嵌银锭式木楔，如战国棺木上用的小腰。但考究的家具很少使用。在明清工匠看来，这种造法有损板面的整洁。

2. 厚板与抹头的拼粘拍合

透榫、半榫（图 4）：厚板如条案的面板，罗汉床围子，为了不使纵端的断面木纹外露，并防止开裂，多拼拍一条用直木造成的“抹头”。又为了使抹头纵端的断面木纹不外露，多采用与厚板格角相交的造法；即在厚板的纵端格角并留透榫或半榫，在抹头上也格角并凿透眼或半眼。抹头与厚板拍合并用鳔胶粘贴。有的实例在厚板和抹头上还造长条的榫舌和榫槽。

3. 平板角接合

燕尾榫（图 5）：用三块厚板造成的炕几或条几，用料厚达 4~5 厘米。面板与板形的腿足相交，是厚板角接合的例子。所见实例都用闷榫，现代木工或称全隐燕尾榫，拍合后只见一条合缝，榫卯全部被隐藏起来。

抽屉立墙所用的板材，此炕几或条几的板材薄多了，其角接合有多种方法。最简单的是两面都外露的明榫，即直榫开口接合，明清家具只有粗糙的民间用具才用它。其次是一面露榫的明榫，现代木工或称半隐燕尾榫，更复杂的就是完全不露的闷榫，其造法与上面讲到的厚板闷榫角接合基本相同，只是造得更为精巧而已。小型家具如官皮箱、镜台，尽管它们所用的抽屉立墙板已经很薄，巧妙的匠师还是能用闷榫把它们造成极为工整的抽屉。

4. 横竖材丁字形接合

（1）飘肩（图6）：先说圆材的丁字形接合。如横竖材同粗，则枨子里外皮做肩，榫子留在正中。如腿足粗于枨子，以无束腰杌凳的腿足和横枨相交为例，倘不交圈，则枨子的外皮退后，和腿足外皮不在一个平面上，枨子还是里外皮做肩，榫子留在月牙形的圆凹正中。倘交圈的话，以圈椅的管脚枨和腿足相交为例，枨子外皮和腿足外皮在一个平面上，造法是枨端的里半留榫，外半做肩。这样的榫子肩下空隙较大，有飘举之势，故有“飘肩”之称。北京匠师又因它形似张口的蛤蟆，故或称之曰“蛤蟆肩”。

（2）格肩榫（图7）：方材的丁字形接合，一般用交圈的“格肩榫”。它又有“大格肩”和“小格肩”之分。“大格肩”即宋《营造法式》小木作制度所谓的“撺尖入卯”；“小格肩”则故意将格肩的尖端切去。这样在竖材上做卯眼时可以少凿去一些，借以提高竖材的坚实程度。

同为大格肩，又有带夹皮和不带夹皮两种造法。格肩部分和长方形的阳榫贴实在一起的，为不带夹皮的格肩榫，它又叫“实肩”。格肩部分和阳榫之间还凿剔开口的，为带夹皮的格肩榫，它又叫“虚肩”。带夹皮的由于开口，加大了胶着面，比不带夹皮的要坚

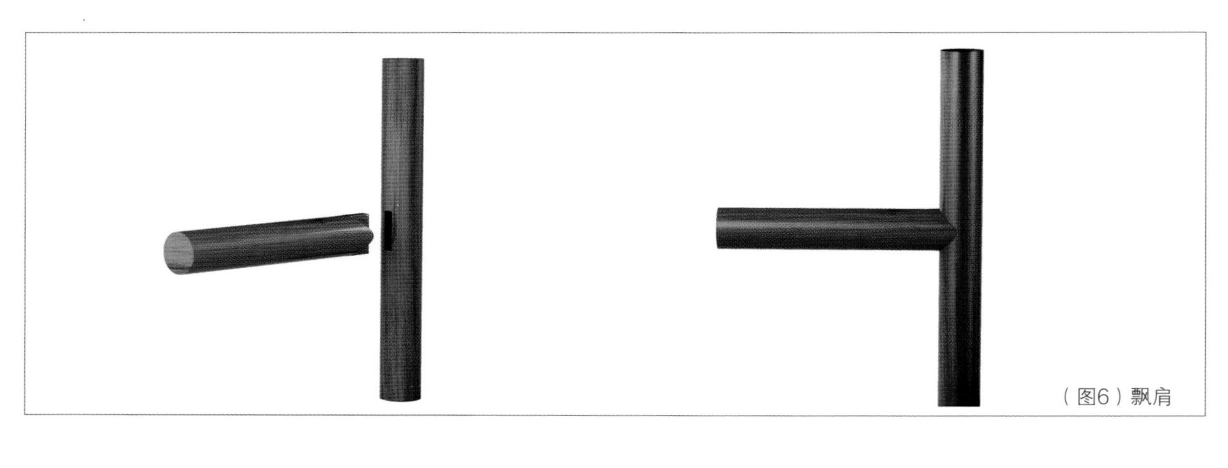
（图6）飘肩

（图7）格肩榫

（图8）大进小出

（图9）揣揣榫

（图10）十字帐

牢一些，但倘用料不大，则因剔除较多，反而对坚实有损。

（3）大进小出榫（图8）：另外还有“大进小出”的造法，即把横枨的尽端，一部分造成半榫，一部分造成透榫，纳入榫眼的整个榫子面积大，而透出去的榫子面积小，故曰“大进小出”。使用它的目的主要是为了两榫能互让，下面还将讲到。

5. 方材、圆材角接合、板条角接合

揣揣榫（图9）：板条角接合所用的榫卯多种多样。凡两条各出一榫互相嵌纳的，都叫“揣揣榫”，言其如两手相揣入袖之状，其具体造法则有多种。一种是正面背面都格肩相交，两个榫子均不外露，这是最考究的造法。一种是正面格肩，背面不格肩，形成齐肩膀相交。横条上有卯眼嵌纳立条上的榫子，立条上没有卯眼而只与横条的榫子像合掌那样相交。这种造法在明式家具中也颇为常见。另一种用开口代替凿眼，故拍合后榫舌的顶端是外露的。

6. 直材交叉接合

十字枨（图10）：面盆架三根交叉的枨子是从十字枨发展出来的，中间一根上下皮各剔去材高的三分之一，上枨的下皮和下枨的上皮各剔去材高的三分之二，拍拢后合成一根枨子的高度。面盆架枨子除相交的一段外，断面多作竖立着的椭圆形。加高用材的立面，为的是剔凿榫卯后每一根的余料还有一定的高度。三枨交搭处的一小段断面为长方形，棱角不倒去，也是考虑到其坚实才这样做的。

7. 弧形弯材接合

楔钉榫（图11）：楔钉榫基本上是两片榫头合掌式的交搭，但两片榫头尽端又各有小舌，小舌入槽后便能紧贴在一起，管住它们

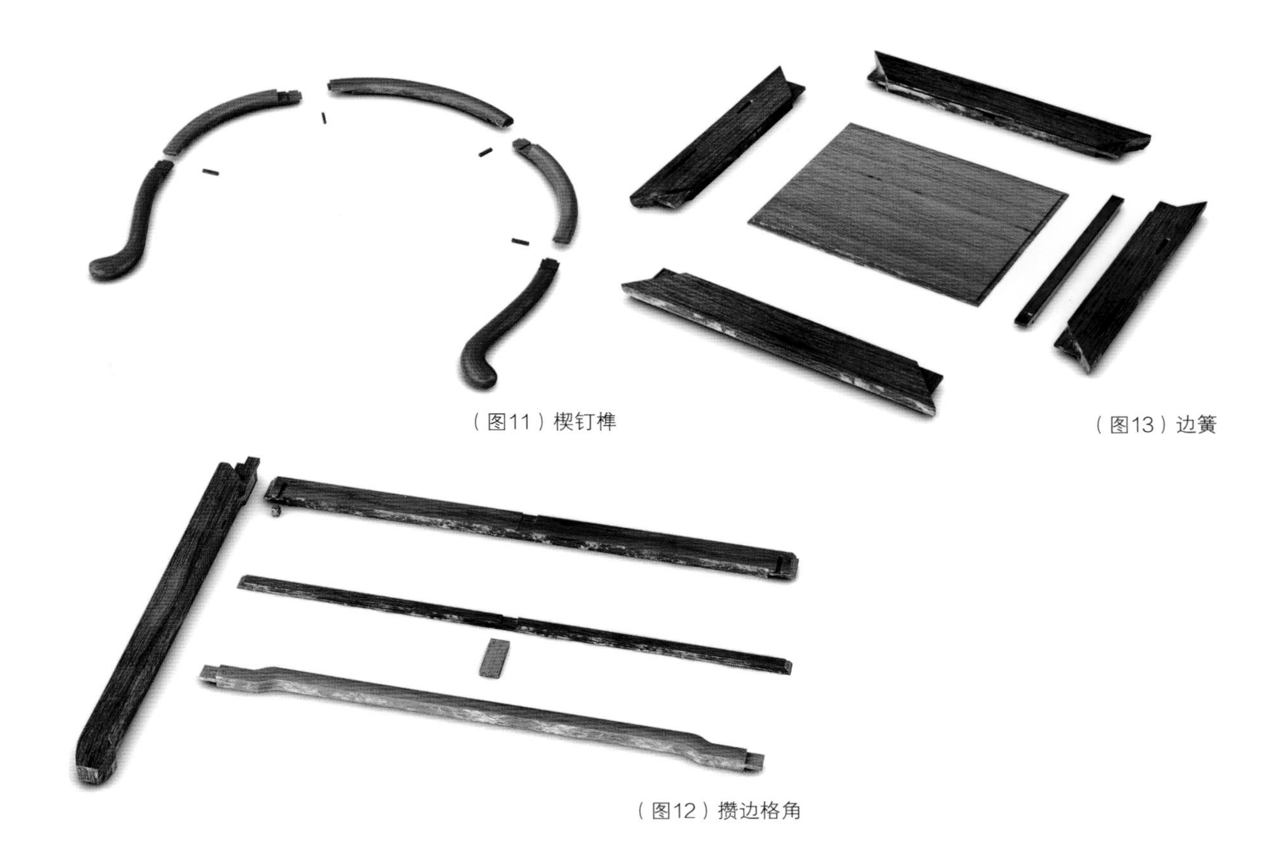
（图11）楔钉榫

（图13）边簧

（图12）攒边格角

不能向上或向下移动。此后更于搭口中部剔凿方孔，将一枚断面为方形的头粗而尾稍细的楔钉贯穿过去，使两片榫头在向左和向右的方向上也不能拉开，于是两段弧形弯材便严密地接成一体了。有的楔钉榫尽端的小舌在拍拢后伸入槽室，所以它的侧面也不外露，这种造法为防止前后错动也能起一定的作用。有的楔钉榫在造成后还在底面打眼，插入两枚木质的圆销钉，使榫卯更加牢固稳定。

8. 格角榫攒边

攒边格角（图12）：椅凳床榻，凡采用“软屉”造法的，即屉心用棕索、藤条编织而成的，木框一般用“攒边格角”的结构。四方形的托泥，亦多用此法。

四根木框，较长而两端出榫的为“大边”，较短而两端凿眼的为“抹头”。如木框为正方形的，则以出榫的两根为大边，凿眼的两根为抹头。比较宽的木框，有时大边除留长榫外，还加留三角形小榫。小榫也有闷榫与明榫两种。抹头上凿榫眼，一般都用透眼，边抹合口处格角，各斜切成45度角。

凳盘、椅盘及床榻屉都有带，一般为两根，考虑到软屉承重后凹垂，故带中部向下弯。

两端出榫，与大边联结。四框表面内缘踩边打眼，棕索、藤条从眼中穿过，软屉编好后，踩边用木条压盖，再用胶粘或加木钉销牢，把穿孔眼全部遮盖起来。

9. 攒边打槽装板

边簧（图 13）：攒边打槽装板如系四方形的边框，一般用格角榫的造法来攒框，边框内侧打槽，容纳板心四周的榫舌，或称"边簧"。大边在槽口下凿眼，备板心的穿带纳入。如边框装石板面心，则面心下只用托带而不用穿带。托带或一根，或两根，或十字，或井字，视石板面心的大小、轻重而定。又因石板不宜做边簧，只能将其四周造成下舒上敛的边，如马蹄状。这种有斜坡的边叫"马蹄边"，或简称"马蹄"。边框内侧也踩出斜口，嵌装石板。由于斜口上小下大，将石板咬住扣牢，虽倒置也不致脱出。

（二）腿足与上部构件的结合

1. 腿足和牙子、面子的结合

（1）抱肩榫（图 14）：实例如有束腰的杌凳或方桌、条桌等。面子造法与上同，腿足上端也留长短榫，只是在束腰的部位以下，切出 45 度斜肩，并凿三角形榫眼，以便与牙子的 45 度斜尖及三角形的榫舌拍合。斜肩上有的还留做挂销，与牙子的槽口套挂。上述的结构，匠师称之日"抱肩榫"。

（2）夹头榫（图 15）：夹头榫是从北宋发展起来的一种桌案结构。当时聪明的民间工匠从大木梁架得到启发，把高桌的腿足造成有显著的侧脚来加强它的稳定性，又把柱头开口、中夹"绰幕"的造法运用到桌案的腿足上来。也就是在案腿上端开口，嵌夹两段横木，将横木的两端或一端造成"（木沓）头"的式样。继而将两段横木改成通长的一根，这样就成了夹头榫的牙条了。最后，又在牙条之下加上了牙头。其优点在加大了案腿上端与案面的接触面，增强了刚性结点，使案面和案腿的角度不易变动；同时又能把案面的承重均匀地分布传递到四足上来。千百年来，它并口设计意图基本相同的"插肩榫"结构，都成为案形结体的主要造法之一，也是明及清前期家具最常见的两种形式。

正规的夹头榫一般是腿端开长口，不仅嵌夹牙条，同时也嵌夹牙头。这是比较合理的造法。但也有只嵌夹牙条，而牙头部分则是两条立着的木片，上端与牙条合掌相交，嵌在腿足上截两侧的槽口之内。这种造法不及前者坚实。

（3）插肩榫（图 16）：插肩榫的外形与夹头榫不同，但在结构上差别并不大。它的腿足顶端也出榫，和面子结合；上截也开口，以备嵌夹牙条。但腿足上截外皮削出斜肩，牙条与腿足相交处，剔出槽口，当牙条与腿足拍合时，又将腿足的斜肩嵌夹起来，形成齐平的表面。这样就使插肩榫与腿足高于牙条、牙头的夹头榫，外貌大异。

这种造法由于腿足开口嵌夹牙条，而牙条又剔槽嵌夹腿足，使牙条和腿足扣舍得很紧，而且案面压下来的分量越大，牙条象和腿足就扣合得越紧，使它们在前后、左右的

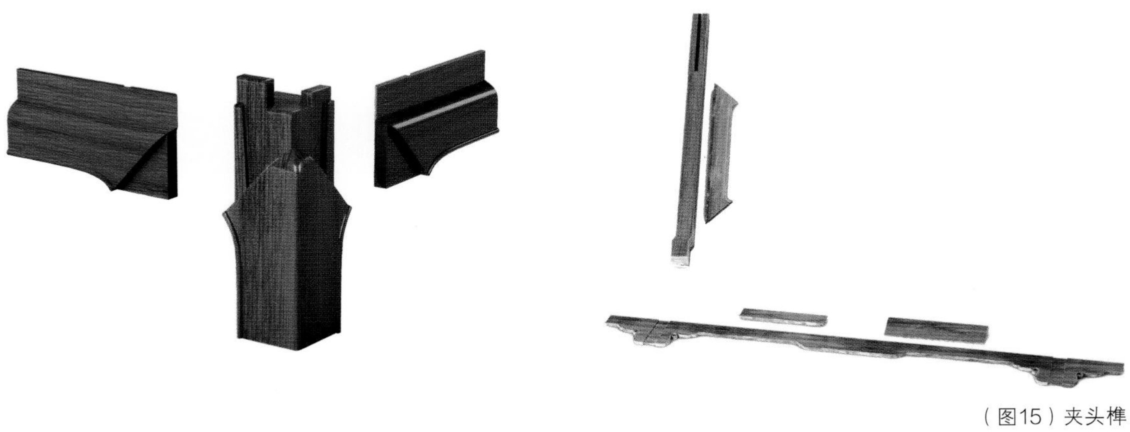

（图15）夹头榫

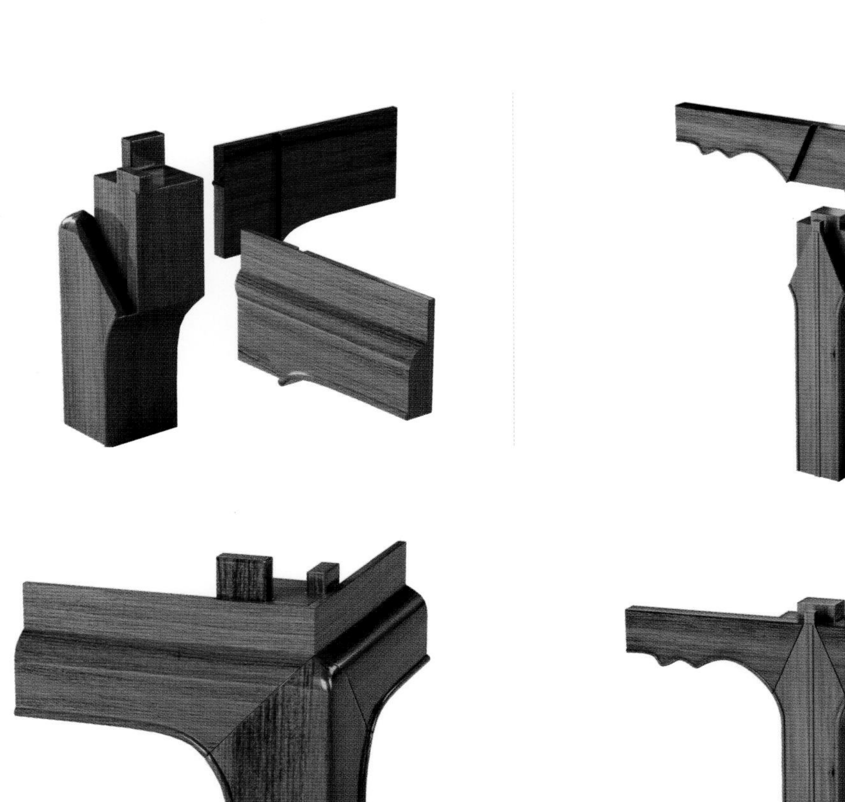

（图14）抱肩榫

（图16）插肩榫

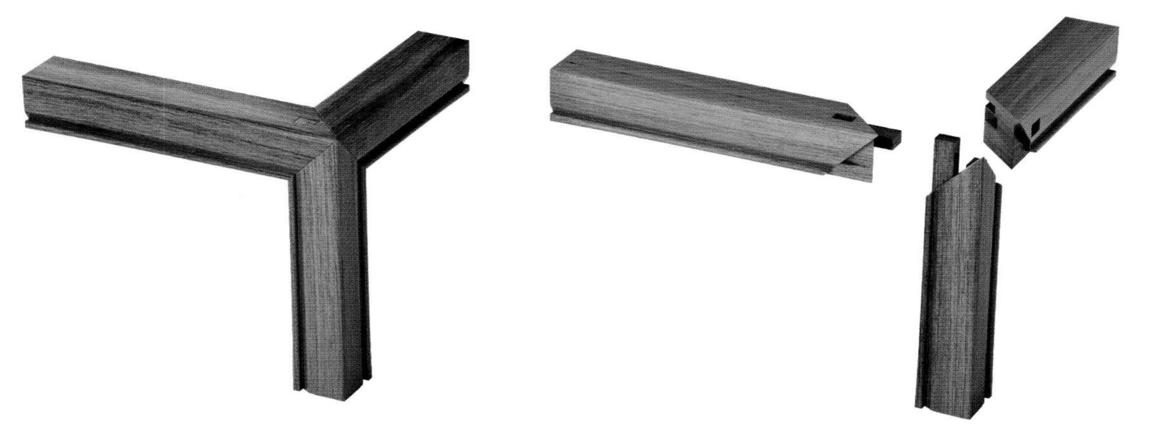

（图17）粽角榫

方向上都不错动，形成稳固合理的结构。它的另一个特点是由于腿足与牙条交圈，故为牙条和腿足所形成的空间轮廓的变化及雕饰线脚的运用带来了便利。这里举常见的插肩榫和比较罕见的牙条、牙头分开的插肩榫。

案形结构还有一种罕见的造法，因无处可归属，只好在这里提到，称之为插肩榫变体。其造法是剔削腿足外皮上端一段而留做一个与牙条、牙头等高的挂销。牙条及牙头则在其里皮开槽口，和挂销结合。也就是说正规的插肩榫牙条在它的外皮剔槽口，而变体则把槽口搬到牙条、牙头的背面去了。此种造法，在牙头之下必然萎出现一条横缝，即牙头下落与腿足相接着的那条缝隙。由于这条缝隙正在看面，不甚美观，因而此种造法未能推广。

2. 腿足与边抹的接结合

粽角榫（图17）：有一种四面平式的家具是用“粽角榫”造成的。家具的每一个角用三根方材结合在一起，由于它的外形近似一只粽子的角，故有此名。有人认为此种造法的家具每一个角的三面都用45度格角，综合到一点共有六个45度角，故应写作“综角榫”。此说也能言之成理。不过粽角榫比较通俗，似为民间匠师的原有名称，故予保留。

粽角榫可以运用到桌子、书架、柜子等家具上，整齐美观是它的特点。不过榫卯过分集中，如用料小了，凿剔过多，就难免影响坚实。桌子等如无横枨或霸王枨，便须有管脚枨或托泥将足端固定起来，否则此种结构是不够牢固耐用的。

桌子上用的粽角榫与书架、柜子上用的往往稍有不同。桌面要求光洁，所以腿足上的长榫不宜用透榫穿过大边。书架、柜子则上顶高度超出视线，所以长榫不妨用透榫，以期坚实。

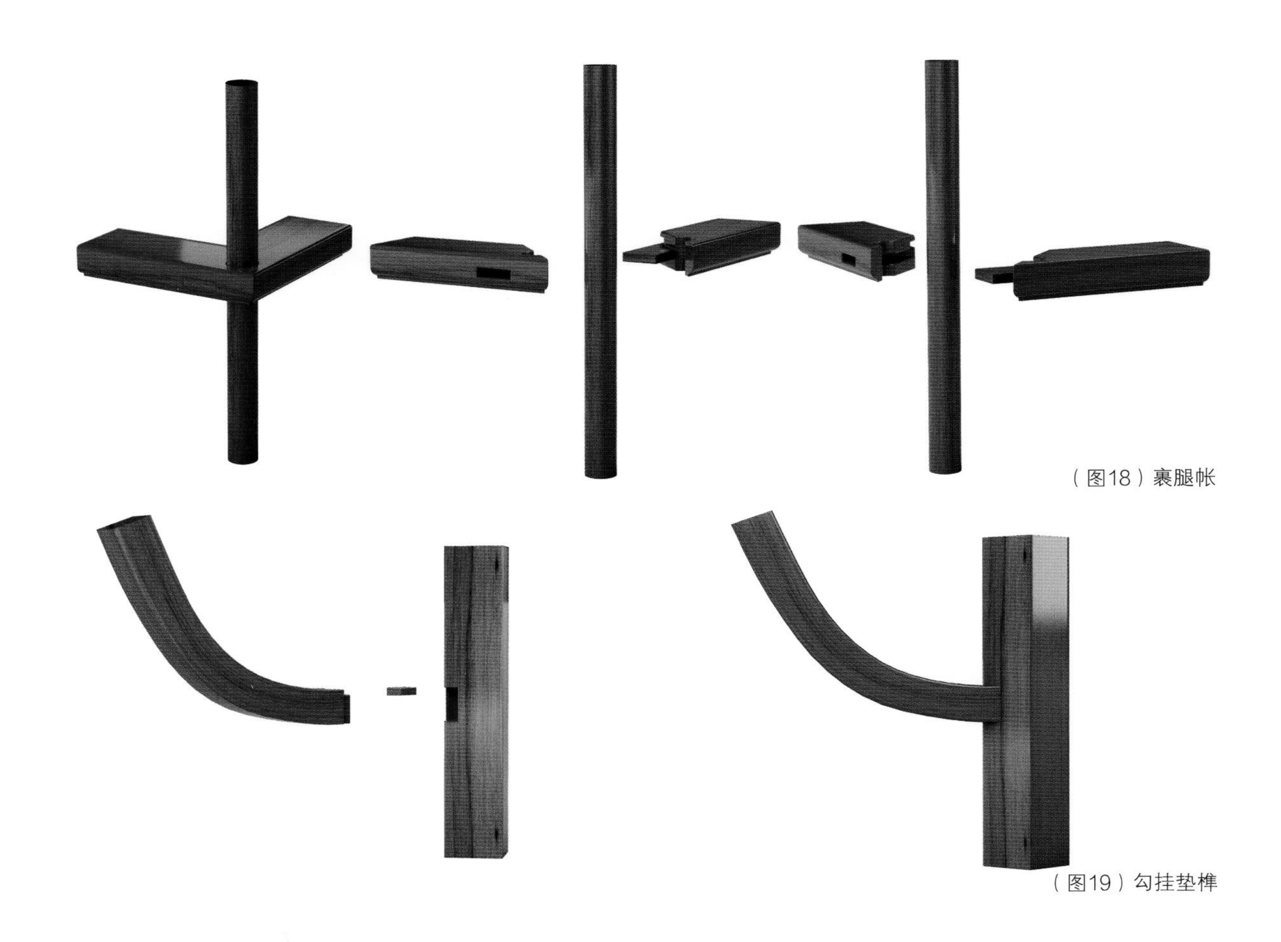

（图18）裹腿帐

（图19）勾挂垫榫

3. 腿足与枨子的结合矮老或卡子花与面子或牙条的结合

裹腿枨（图 18）：“裹腿枨”，又名“裹脚枨”也是横竖材丁字形接合的一种，多用在圆腿的家具上，偶见方腿家具用它，须将棱角倒去。裹腿枨表面高出腿足，两枨在转角处相交，外貌彷佛是竹制家具用一根竹材煨烤弯成的枨子，因它将腿足缠裹起来，故有此名。腿足与横枨交接的一小段须削圆成方，以便嵌纳枨子。枨子尽端外皮切成 45 度角，与相邻的一根格角相交；里皮留榫，纳入腿足上的榫眼。榫子有的格角相抵，有的一长一短。

4. 霸王枨与腿足及面子的结合

勾挂垫榫（图 19）：霸王枨上端托着面心的穿带，用销钉固定，下端交代在腿足上。战国时已经在棺椁铜环上使用的“勾挂垫榫”，用到这里。来真是再理想也没有了。枨子下端的榫头向上勾，并且造成半个银锭形，腿足上的榫眼下大上小，而且向下扣，榫头从

（图20）腿穿过面

（图21）栽榫

榫眼下部口大处纳入，向上一推，便勾挂住了。下面的空当再垫塞木楔，枨子就被关住，再也拔不出来了。想要拔出来也不难，只须将木楔取出，枨子落下来，榫头回到原来入口处，自然就可以拔出来了。枨名“霸王”，似寓举臂擎天之意，用来形容远远探出孔武有力的枨子，倒是颇为形象的。

5. 腿足贯穿面子结构

腿足贯穿面子结构（图20）：一般的扶手椅，椅盘用格角榫攒边框，四角开孔，椅子的前后腿从这四个孔中穿过去。乍看上去，椅盘以下为腿足，椅盘以上为靠背、为鹅脖，它们是可分的不同构件，实际上四根立材是上下相连的。这种结构最为坚实合理。有不少椅子造成所谓“天圆地方”的式样，即椅盘以上为圆材，椅盘以下为方材，或椅盘以下为外圆里方。上下断面的不同，除了为求有变化，借以破除单调外，更重要的是为了使椅盘以下的腿足断面大于圆形的开孔，当椅盘落在上面时它能起支承的作用。

多数椅子的椅盘安装时是从腿足上端套下去的。但也有少数椅子，由于它的前后腿在椅盘的部位削出一段方颈，边抹在四角也开方孔，拍合时恰好把这段方颈卡住。这种造法边抹和四足结合得更加紧密牢稳。不过在修理拆卸时，必须先打开椅盘的抹头和大边，才能使椅盘与腿足分开。这是属于一种较少见的造法。

有些扶手椅前腿与扶手下的鹅脖是两木分造的。鹅脖的位置向后稍退，在椅盘上挖槽另安。但这究属少数，不能算是基本形式，也不及一木连做的坚实合理。

腿足贯穿面子的造法，不仅用在椅子上，有些罗汉床、宝座式镜台也是采用这种结构来制造的。

6. 角牙与横竖材的结合

栽榫（图21）：角牙种类繁多，但多数与腿足及腿足以上的上部构件相联结。诸如闷户橱、衣架、面盆架上的挂牙，桌几、架格上的托角牙子，乃至小到椅子后背及扶手上的小牙子等皆是。角牙的榫卯有的在横竖材上打槽嵌装。有的角牙一边入槽，一边栽榫与横材或竖材上的榫眼结合。有的角牙榫，一边栽榫与横竖材结合。

（三）腿足与下部构件的结合

1. 腿足与托子、托泥之间的结合

嵌夹榫舌（图22）：圆形结体的家具如圆凳、香几等，下面的托泥是用嵌夹榫舌或用楔钉榫的造法，将弧形弯材攒接到一起的。用嵌夹榫舌结构攒接的圆托泥，不宜在接榫处凿剔方眼，与腿端的榫头结合。尤其是用楔钉榫结构攒接的圆托泥，更须避开榫卯凿剔方眼。否则的话，凿眼会把楔钉凿断。

2. 立柱与墩座的结合

站牙（图23）：凡是占平面面积不大，体高而又要求它站立不倒的家具，多采用厚木作墩座，上面凿眼植立木，前后或四面用站牙来抵 夹的结构。实物如座屏风、衣架、灯台等等。明及清前期墩座常用的抱鼓，为的是在站牙之外又有高起而且有重量的构件，挡住站牙，加强它的抵夹力量。抱鼓适宜雕刻花纹，所以它又是一个能起装饰作用的构件。

（四）另加的榫销

1. 走马销（图24）：“走马销”，或写作“走马榫”，南方匠师则称之曰“扎榫”，可以说是一种特制的栽榫。它一般用在可装可拆的两个构件之间，榫卯在拍合后需推一下栽有走马销的构件，它才能就位并销牢；拆卸时又需把它退回来，才能拔榫出眼，把两个构件分开。因此它有“走马”之名，而“扎

（图22）腿与托泥

（图23）站牙

（图24）走马销

（图25）关门钉

榫”则寓有扎牢难脱之意。它的构造是榫子下头大、上头小，榫眼的开口半边大、半边小。榫子由榫眼开口大的半边纳入，推向开口小的半边，这样就扣紧销牢了。如要拆卸，还需退到开口大的半边才能拔出。这是一项很巧妙的设计，用意与霸王枨的勾挂垫榫大致相同，只是没有木楔垫塞而已。

在明式家具中，翘头案的活翘头与抹头的结合，罗汉床围子与床身边抹的结合，屏风式罗汉床围子扇与扇之间的结合，屏风式宝座靠背与扶手之间的结合等，都常用走马销。

2. 关门钉（图25）：极少数明式家具在榫卯拍合后，用钻打眼，销入一枚木钉或竹钉，目的在使榫卯固定不动。北京匠师称之为“关门钉”，意思是门已关上，不再开了。修理古旧家具，遇此情况，仍需用钻将钉钻碎，方能拆卸，否则会把榫卯拆坏。良工制榫，实无再加销钉的必要，故疑此乃一般工匠所为，或因当时定制者有此要求，故工匠不得不这样做。

第三节 现代工艺

（一）开榫和钻孔

开榫，即加工榫头。普通的直榫头可以使用直榫开榫机来加工，根据各零件的榫头的尺寸大小及形状调整开榫机的靠尺、锯片及刀轴之间的距离，夹紧所要开榫的零件，对各零件的榫头进行开榫加工。

燕尾榫则可以使用燕尾榫开榫机来加工。如果榫头的形状比较复杂，就需要使用特殊的铣刀来进行加工，中腿与横枨结合处的加工，就需要使用锥形铣刀来完成。手工工具来加工，可以使用手锯将材料的端头锯切到接近设计尺寸，并使用凿子、木锉等工具加工到标准尺寸。

钻孔，即加工榫眼。红木家具的榫眼形状多是方形，传统方法是使用凿子手工凿眼，加工精度不高，目前广泛使用的是带钻套的麻花钻。根据各零件上的榫眼大小及榫眼深度选择钻头的型号，并调整钻头对准榫眼的位置，进行钻孔操作。电钻机的钻头加工出的孔眼一般都是圆形，剩余部分则用方形钻套切削掉，形成正方形眼。钻套的切削动作由人力压杆或气压驱动，加工效率高，动作精准，榫卯配合严密。

常用设备

木工钻床：木工钻床是用钻头在工件上加工出孔洞的设备。木工钻床有卧式和立式，单轴和多轴之分。其中，在红木家具加工中最常使用的是立式的单轴钻床。由于钻头工作时是旋转切削，所以钻孔的形状一般都是圆孔，方形钻孔需要附加钻套进行切削。

直榫开榫机：一次性加工直榫榫头的设备。直榫的结构比较规则，使用最为普遍，直榫开榫机是将榫头加工过程中的锯截、铣削等操作集中到一台设备上，可以一次完成榫头的加工，提高了工作效率。直榫开榫机有单头、双头之分，可用来加工单榫和双榫。

燕尾榫开榫机：燕尾榫开榫机和直榫开榫机的功能结构相似，主要用来加工燕尾榫。只是在加工过程中进行到铣削这一步时使用燕尾形铣刀（纵截面为梯形）来加工，两块板料工件互相垂直地夹紧在工作台上。工作台沿靠模作“U”字形轨迹的运动，或者工作台固定，刀轴作“U”字形轨迹运动，同时加工出阴阳燕尾榫。

榫槽机：加工木料上矩形榫槽或腰圆形（两端为半圆形）榫槽的木工机床。分立式和卧式，铣刀轴由电动机驱动做旋转运动。主轴可按照腰圆榫槽长度作快速摆动。工件夹紧在工作台上作进给运动，可一次加工出规定长度和深度的腰圆形榫槽。工件固定不动时，还可以加工出榫眼，与钻床的功能类似。

（二）铣型

铣削加工是使用预先设计好造型的铣刀在木材上进行旋转切削，可以用来加工孔眼、型边、线型等。对于长度较大的榫眼或榫槽，需要使用铣床来加工，铣床有上轴式、下轴式和平轴式几种，可以从不同方向加工，榫眼榫槽的宽度通过选择不同的铣刀来调整。红木家具零部件的边缘常常会具有特殊的造型，如桌面板的边缘就常常使用冰盘沿的造型。这种造型在现代加工方式中需要进行铣削加工。铣削加工最常用的设备是下轴式铣床和上轴式铣床，铣床上安装有预先加工好形状的铣刀头，将木料推过铣刀头后，边缘就被加工成型面。其中上轴式铣床又被称为镂铣机，镂铣机的用途广泛，数控镂铣机是雕刻机、CNC 加工中心的主体。

（三）拼板

拼板是将小面积的板材拼接成为大面积板材的工序。传统家具的拼板方式有多种，如：平拼、企口拼、夹条拼、插榫拼等，由于工艺水平的限制，这些拼板方法要么费时、要么强度差；现代工艺中广泛使用的拼板方法对榫槽的拼接进行了改进，拼板方式使用铣床加工榫槽，板件接合更加紧密，经涂胶拼合后的板件表面平整，花纹整齐，结构稳固。

拼板时，要根据设计要求选择开好的板料。首先按照部件的需要，选择木材纹理和宽度适宜的板进行初步拼接，这一步骤主要是为了看到拼板完成的效果，花纹选择合适，看上去没有明显的拼接感。随后，将选好的板侧面开槽、涂胶，用夹具将涂好胶的板料压紧。拼接完成的面板，需要再次经过裁切，以确定板件的宽度和长度。最后，将拼接后的板件通过砂光机，将胶拼处的多余胶水砂掉，将板件加工平滑。

（四）预组装

木工加工最后要对加工好的零件进行预组装。术语叫“认榫”，就是将开榫打眼后的零件试组装成为零件单元或单个部件，以确认榫卯之间的配合情况符合要求，此步骤非常重要，因为一旦进入后续的雕刻工序，雕花部分容易损坏，经过雕刻的零件就不方便再进行木工加工了。很多红木家具的零部件由多个部分组成，架子床之类的大体量家具，甚至会有数千个零部件，如果每个局部的榫卯连接如果出现微小偏差，整体上可能就会出现较大偏差。因此，试组装时一旦出现了榫卯大小不合，接合不严密，方向歪斜等问题，就需要对榫卯进行重新修整。木质材料加工榫卯不能像金属那样精准，因此，需要每个榫卯之间的配合都要进行单独检查，确保可用。有时还需手工修整榫卯。榫头的宽度要稍微超过榫眼的宽度，以确保榫卯连接紧固。除了榫卯接合的问题之外，还要注意接合后的外观有没有漏缝，翘角等现象。

试组装完成后，没有发现问题的话就要将装好的零部件仔细的拆卸开来，继续进行后续的加工工序。个别部件预组装完成后就不再拆开，而是直接进入后续加工，如抽屉的框架等。

第三章

明清古典家具典藏

明 · 玫瑰椅

此椅为黄花梨制，靠背边框与扶手边框均为圆木，靠背板攒框镶板，板面光素，下有亮脚。座板下牙头牙条平直。腿下装步步高赶枨。

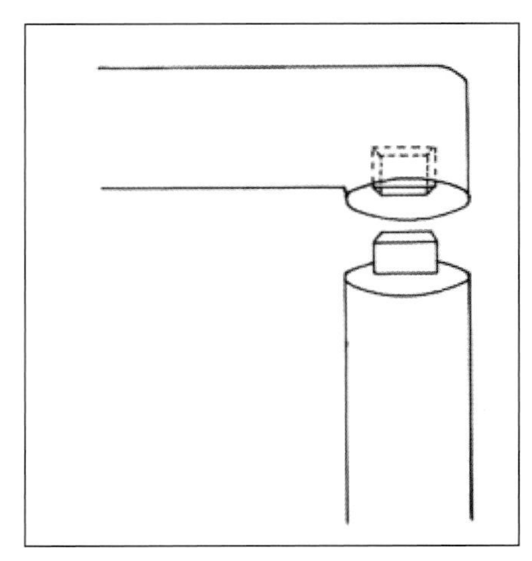

圆材闷榫角接合

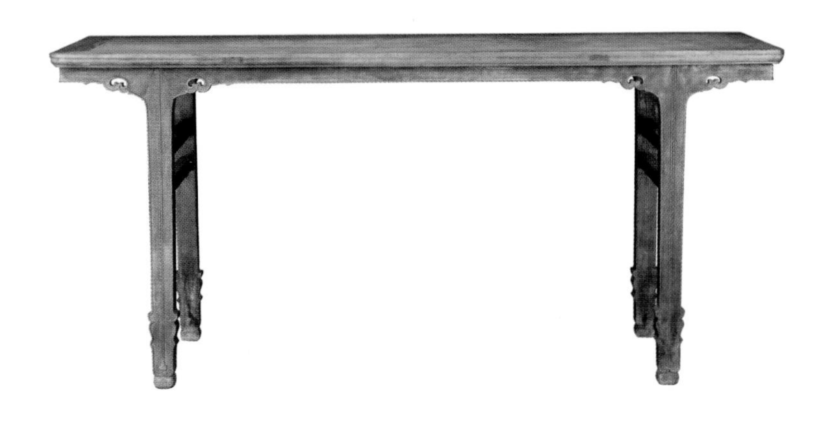

明·宝剑腿平头案

此翘头案为黄花梨制，案面平直方正，牙板平直，角处镂空云纹，牙板与腿边缘起阳线，腿面正中两条阳线。腿、牙板、桌面以插肩榫相连。腿间双横枨，整体简洁素雅，意蕴古朴。

明 · 夹头榫翘头案

此翘头案为铁力木制，案面上有翘头，牙板光素无雕饰，牙头做卷云纹样式。侧腿间双横枨，方腿直足。

明 · 夹头榫条桌

此条桌为紫檀木制，桌面平直，桌面下壶门牙板，牙头为卷云形。腿、桌面、牙条之间以夹头榫形式拼合。圆腿直足，两侧腿之间有横枨，下有牙条。整器简洁素朴，为典型的明式夹头榫条桌。

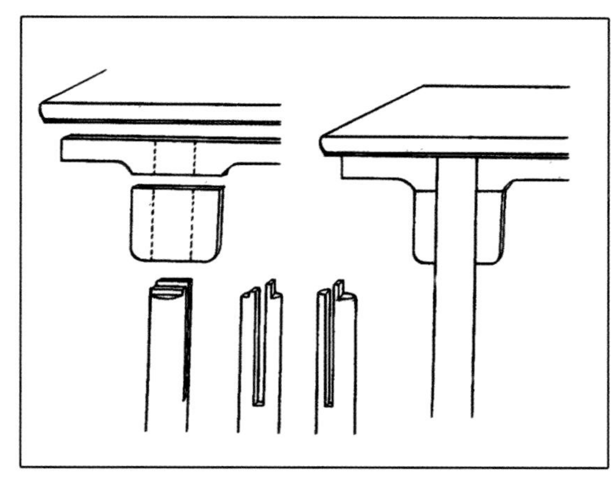

夹头榫结构（腿足上端开口嵌夹牙条与牙头）

明 · 夹头榫酒桌

此条桌为紫檀制，桌面平直，桌面下直牙板，牙头呈卷云形，牙头、牙条边沿起阳线，方腿直足，腿边沿、正中作阳线修饰。侧腿间双横枨，起到稳固作用。整器方正平直，线条流畅而爽朗。

明·壶门牙条条桌

此条桌为紫檀制，桌面平直，桌面下冰盘沿。面与腿之间用壶门形牙板相承，牙头短小方正。圆腿直足，腿间无横枨。整器简洁素雅，古朴雅致。

明 · 宝座式镜台

此镜台为黄花梨制，镜台设抽屉三具。后背分隔成五格，扶手下不分格，均透雕花鸟，搭脑两端圆雕龙头，扶手端亦雕龙头。整器古朴优雅。

明·凉榻

此凉榻为黄花梨制，凉榻面心为席藤面，凉榻的腿与横枨浮雕螺纹与突起。整体古朴雅致。

明·架子床

此架子床为黄花梨制，床下部三面设床帏，床帏子为四簇云纹攒接，上有卡子花，四根立柱通顶，顶处绦环板透雕螭龙纹。整体简洁通透，韵味古雅。

清·苏工架子床

此床为老红木制，床上沿以藤缠绕式做冠，床帏以葡萄藤式做装饰，下有透雕麒麟。床下牙板回纹与藤相结合，工艺精巧，美观华丽。

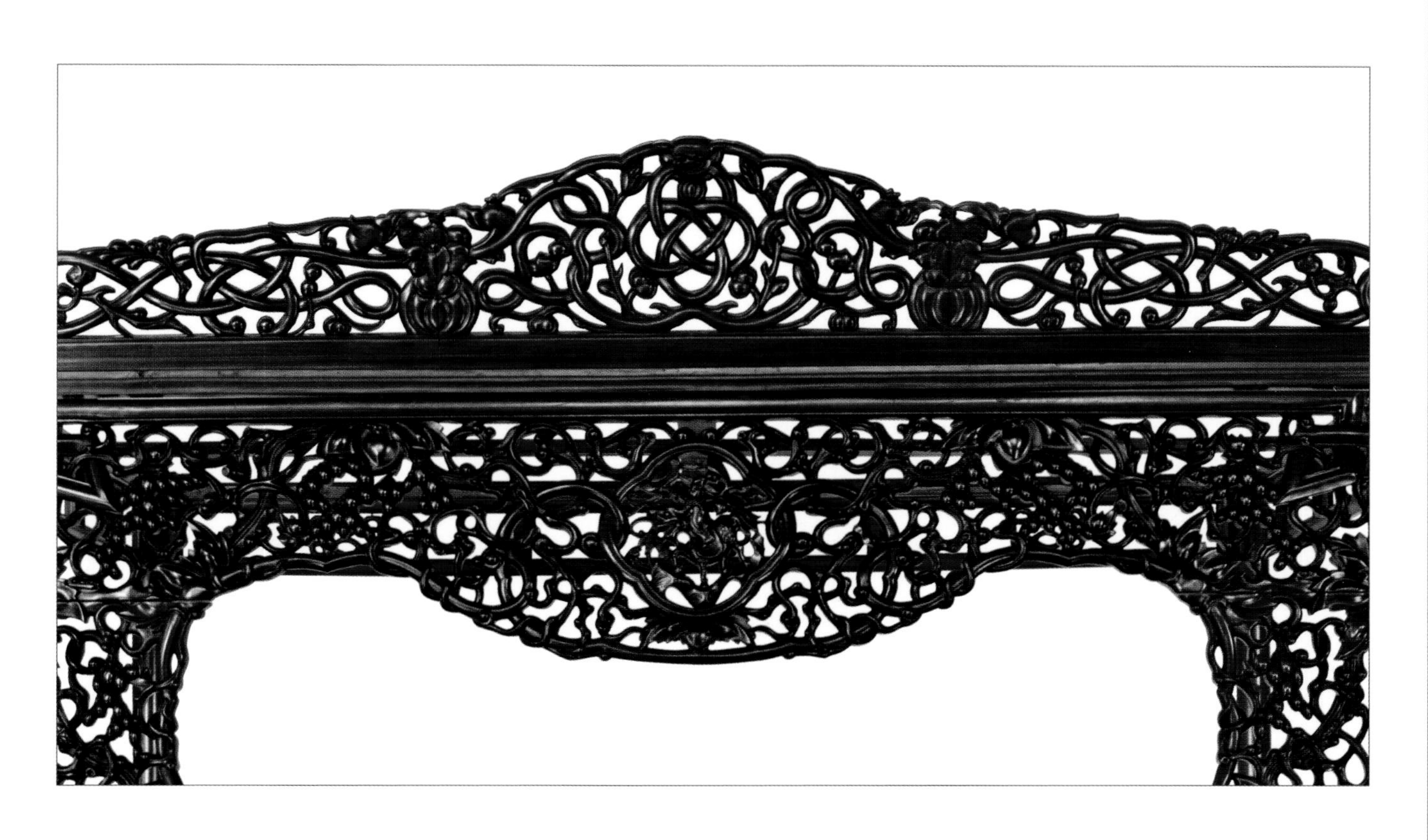

第四章

家具鉴赏：榫卯之美

第一节 椅几类

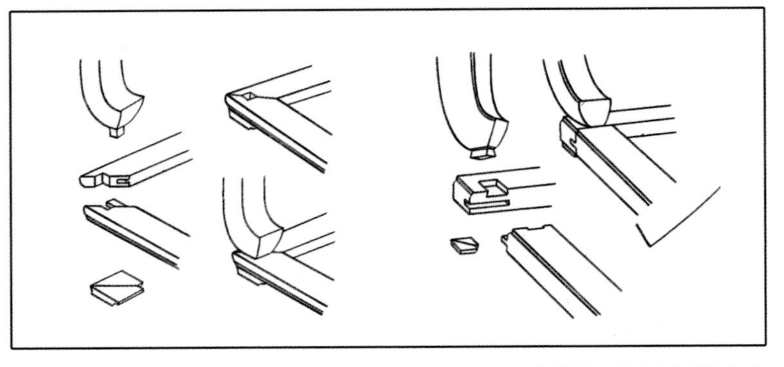

方形家具腿足与方形托泥接合

清式

雕龙皇宫椅

此雕龙皇宫椅为黄花梨制，椅圈处以楔钉相拼接，形态自然流畅，扶手头处镶嵌龙纹，靠背板呈弧形，上部浮雕龙纹，雕工精巧，生动形象。中部素面无雕饰，下部云纹亮脚，靠背板四角镶浮雕龙纹角花。坐板方正，下有束腰，腿为一木连做。腿足处内翻，边出镶云纹角花，下承托泥，带龟脚。整体形态自然流畅，风韵饱满，为椅中之精品。

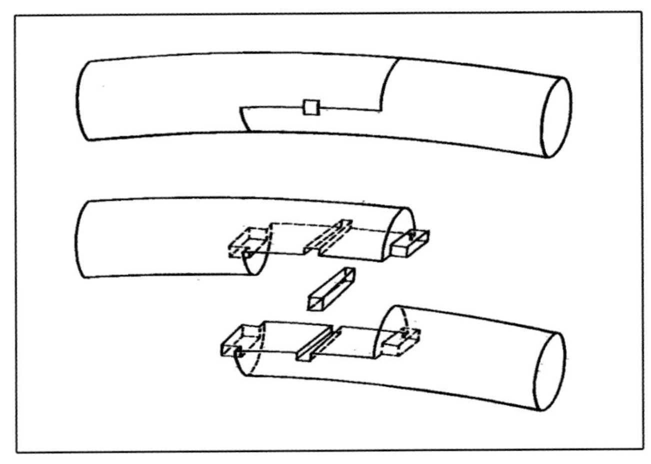

弧形弯材接合

明式

圈椅三件套

此圈椅为乌木制，靠背板上部雕刻有苍龙教子，形象简明而生动。背板呈流线型弯曲，与椅圈牙板形态互为呼应，壶门牙板浮雕卷草纹，用线生动婉转。此椅上圆下方，外刚内柔，妍秀雅丽，韵味十足。

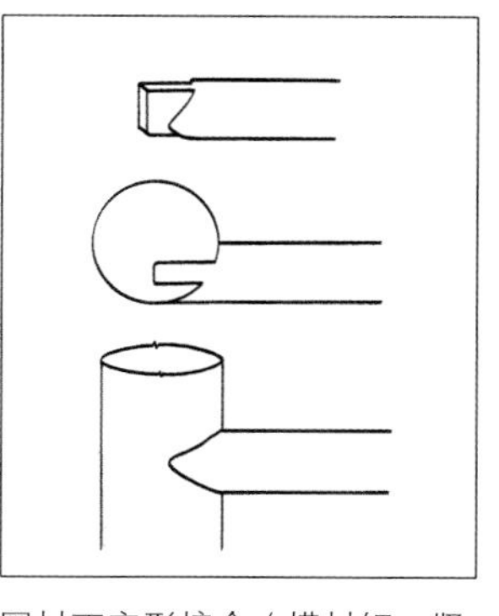

圆材丁字形接合（横材细、竖材粗，外皮交圈，榫卯用蛤蟆肩）

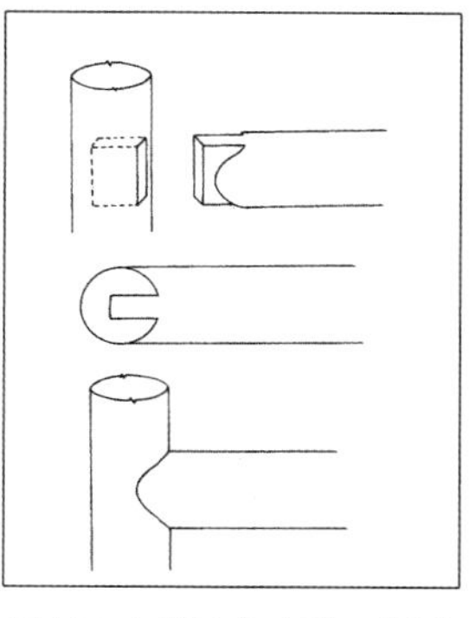

圆材丁字形接合（横、竖材粗细相等）

明式

圈椅三件套

此圈椅为黄花梨木制，上部曲线流畅，圆润饱满；下部挺拔方正，稳健端庄。靠背和壶门局部雕刻，恰当点缀，精致而不失素雅。整体器型隽永耐看，适合放于书房和客厅。

清式

雕龙皇宫椅

此圈椅为紫檀木制，背板牙角浮雕云龙纹，卷云纹代表借助云势，一跃而起，平步青云之意；龙纹则取龙在九天，行云布雨的传说，不仅代表了风调雨顺，丰衣足食，还有祥瑞之意，吉祥如意，富贵绵长，贵气凌人。

清式

有束腰带托泥雕花圈椅

此椅为红酸枝制。与雕龙皇宫椅不同之处仅在于背板镂雕卷草纹变体。背板与坐板大边四角花，扶手头，足侧角花均镂雕卷草纹。样式精巧华丽，给人以古典美。

明式

竹节圈椅

此椅造型古朴，椅圈三弯，扶手向外延伸而出；背板呈弧形，设计更符合人体力学原理。椅背板透雕螭龙纹样；通体上圆下方；整器做工细腻，生动灵巧，精致独到。

明式

四出头官帽椅

此椅为红酸枝制，是标准的四出头官帽椅。所谓“四出头”是指椅子的“搭脑”两端出头，左右扶手前端出头。此椅搭脑、扶手、鹅脖都为弯曲造型，座面以下用券口，不用罗锅枨加矮老。椅子的背板处浮雕螭龙纹，横枨下接有牙板。整器清新雅致，古意盎然。

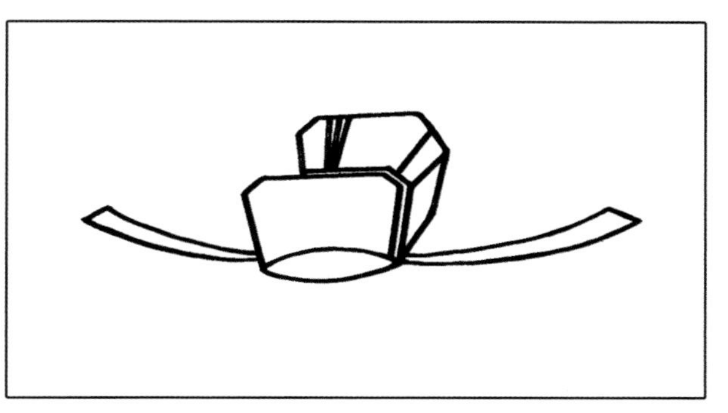

明刊本《三才图会》中《衣服》二卷页十二一下的幞头

明式

四出头攒靠背官帽椅

此椅为酸枝木制。椅背采用攒靠背做法，分三截，上截透雕麒麟，生动形象；中间为草龙纹，精雕细作；下部为亮脚，通透灵动。椅盘下三面壶门券口牙子，上浮雕卷草纹，既简洁又别致。腿间步步高赶枨，寓意仕途步步高升，融入了儒家积极进取的入世思想。

清式

西番莲矮椅

此椅搭脑作西番莲形，扶手边框、后背边框、靠背板、座面下束腰、牙板、腿足均浮雕西番莲纹样，雕刻精美，显得十分华贵。椅腿下有托泥，托泥下有托泥脚。整器造型优雅，美观实用。

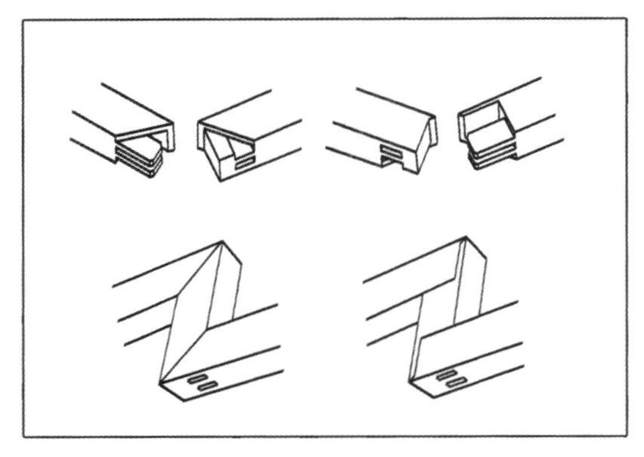

方材角接合

清式

卷书宝座

此宝座为红酸枝制，搭脑处为卷书形，靠背板处浮雕福纹与园林风光纹式，背板边框与扶手边框施以回纹，间饰螭龙纹。座面下束腰，浮雕窄绦环板。鼓腿彭牙，牙板浮雕福寿纹。整器体态丰硕，浑厚庄重，极具威严霸气。

细节放大图－园林

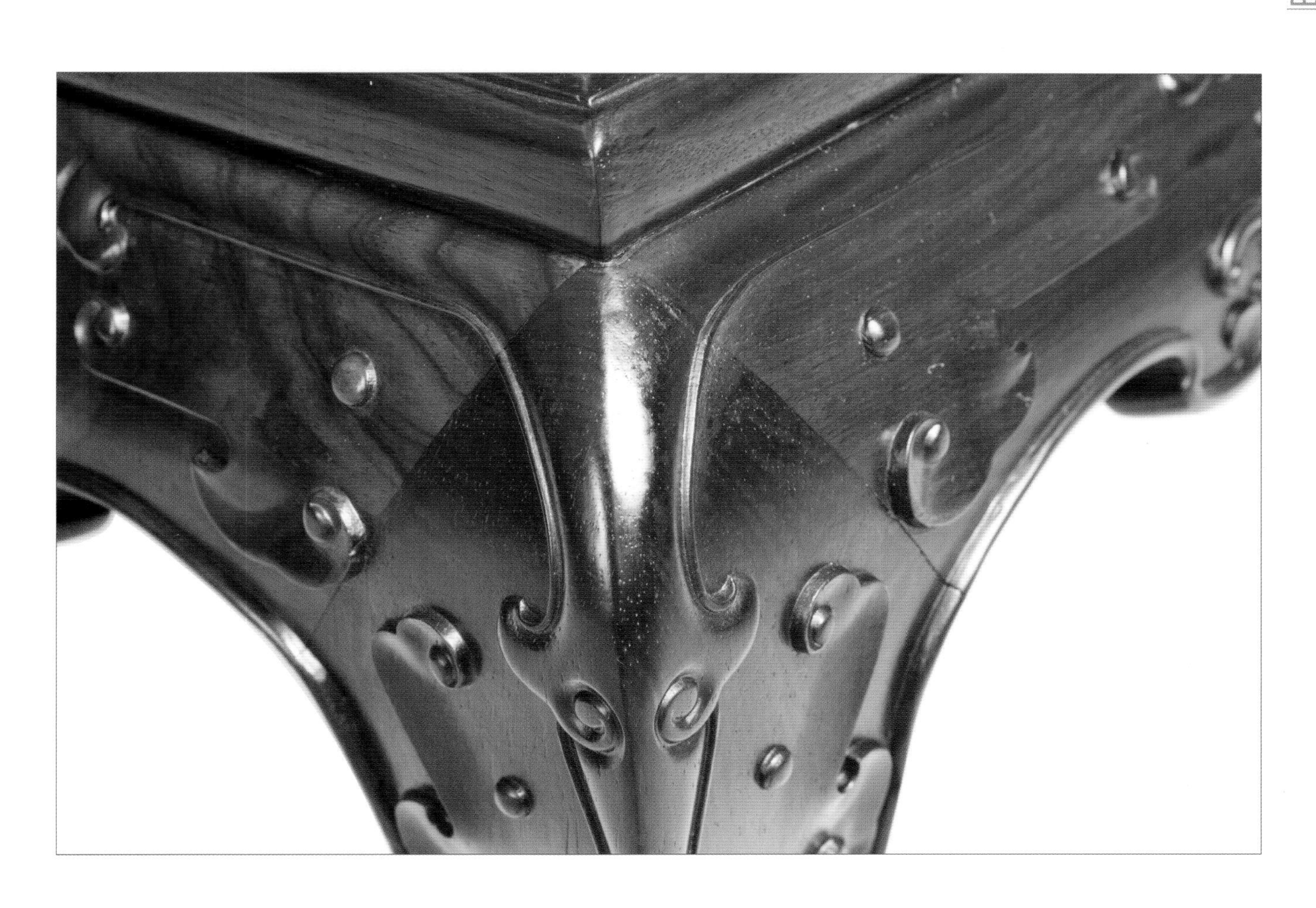

细节放大图—龙纹

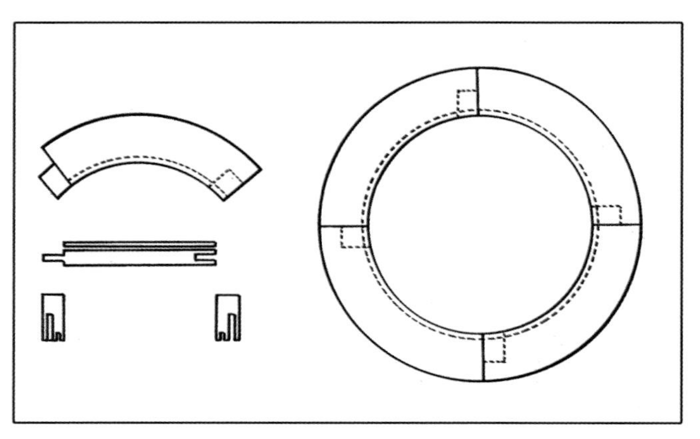

攒边打槽装板

明式

五足内卷霸王枨圆香几

此几为花梨木制，几面呈圆形，几面中雕有环形阳线。几面下高束腰，彭牙鼓腿，几脚内卷翻。几脚以下连接环形托泥，下承托泥脚。整器小巧灵便，端庄秀气。

清式

高花几

此花几为红酸枝材质，整体高挑，面下有束腰，牙板处做镂空回纹角花处理，方腿直足，腿底部罗锅式横枨，足内翻。

清式

回纹束腰香几

此几呈方形，几面光素，面下高束腰，束腰处雕有卷草纹图案。几腿中雕有回纹，方腿直足，上部与下部有横枨，脚为回纹方脚。整个花几造型方正，意趣盎然。

明式

高束腰六足香几

香几呈六角圆形，面下高束腰，束腰镂雕花纹。彭牙三弯腿，彭牙处雕刻象征生生不息、绵绵不绝的卷草纹。脚处作卷云纹装饰。几腿下方以圆形立柱装饰接托泥，托泥下设龟足。整个家具款式古典，线条舒展，古趣盎然。

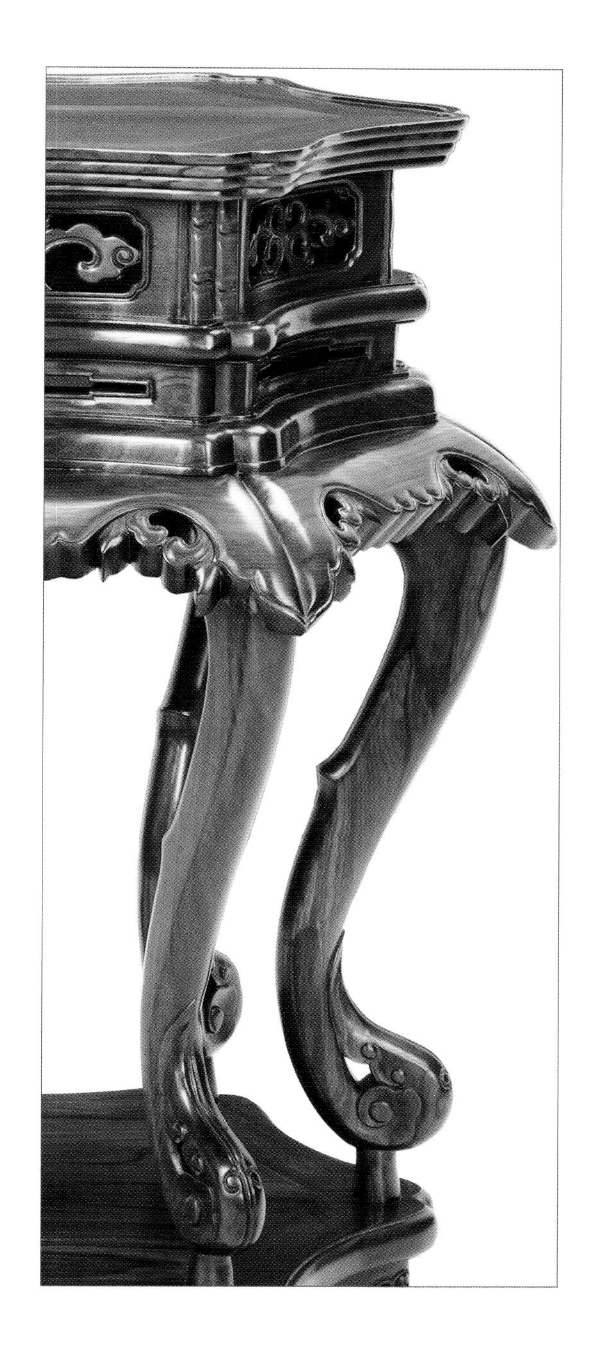

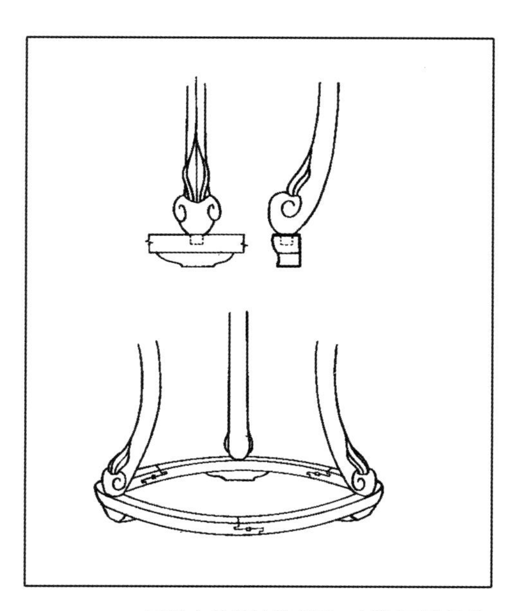

圆形立柱装饰接托泥，托泥下设龟足

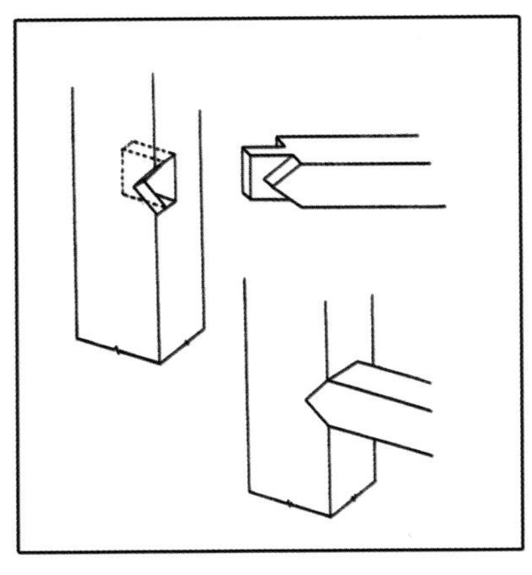
方材丁字形接合（榫卯用大格肩、宽肩）

清式

铜钱纹方几

此方几为红酸枝材质，通体方正，面下有束腰，束腰处做镂空雕花处理，牙板为回纹与铜钱纹相结合的雕饰，腿间罗锅式横枨，方腿直足，足内翻并饰有回纹。

清式

高束腰大香几

此几呈方形，几面素净。面下高束腰，束腰处浮雕螭龙纹与寿字纹。四条几腿上部牙角透雕螭龙纹，直腿，足内翻，腿下连托泥，带龟脚。整器造型古典，给人一种清新雅致的感觉。

清式

卷书云龙纹宝座沙发十一件套

此沙发套件为红酸枝材质，沙发宝座背板处浮雕云龙纹，搭脑后卷，下有束腰，束腰正中透雕炮仗洞。鼓腿彭牙，牙条下垂洼堂肚，大挖马蹄，下承托泥。此座雕刻刀法精密，圆润浑厚，不漏锋芒，云纹舒卷生动，在家具中堪称珍品。

清式

卷书沙发十一件套

此套沙发以回纹做主要装饰，勾勒轮廓。搭脑呈卷书状，背板浮雕园林风光图案，靠背边框和扶手边框内接螭龙纹，整体感觉通透灵秀，层次分明，立体感强，美轮美奂。整套沙发庄重、华丽、大气，极具清式家具的奢侈繁复风格，是一件不可多得的珍品。

攒框

木框四根，两根长而出榫的叫“大边”，两根短而凿眼的叫“抹头”。在木框的里口打好槽，以便容纳木板的边簧（在拼板的四周刨出的榫舌）穿带出头部分则插入大边上的卯眼内。这样即可以用“攒边打槽装板”的方法把木板装入木框。

第二节 桌案类

明式

插肩榫条桌

此条桌为黄花梨材质，面下壶门式牙板，牙板面浮雕二龙戏珠纹，腿为典型插肩榫结构，腿间有双横枨，足处浮雕如意纹饰，整器古朴优雅。

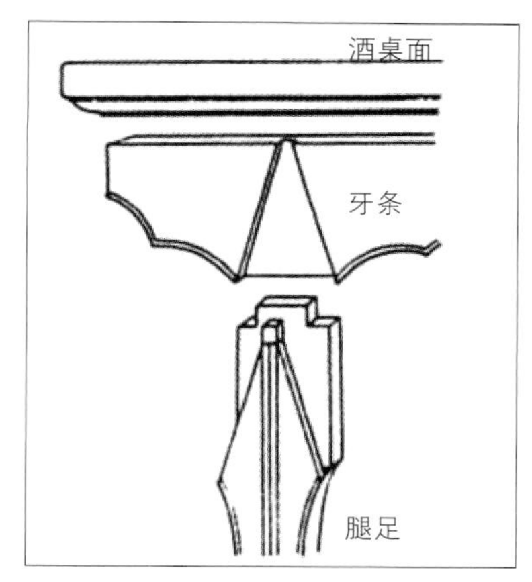

插肩榫

明式

高束腰马蹄足挖缺做条桌

此马蹄腿条桌为大叶黄花梨制，案面平直下有束腰，牙板为壶门形，腿、牙板、束腰之间以抱肩榫拼接。腿中间部位做卷曲弧形角花，内翻马蹄脚。

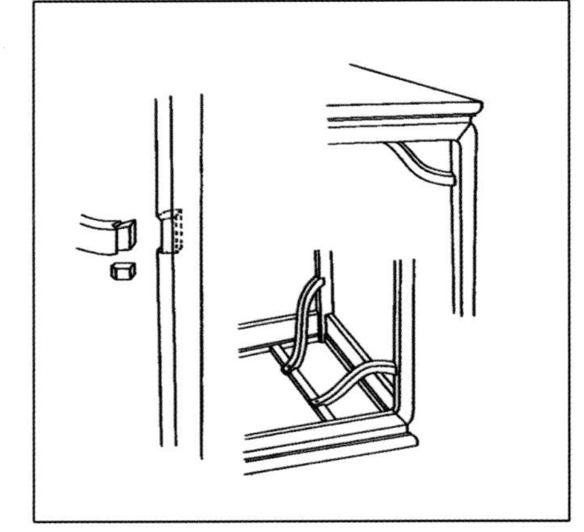

霸王枨结构

明式

无束腰罗锅枨加矮老条桌

此条桌为越南黄花梨制，其牙板造型为罗锅枨加矮老，内有霸王枨相托。四腿为圆棍形，为典型的明代的形式，稳定简练而又明快疏透，是一种成功的设计。

明式

夹头榫带托子翘头案

此翘头案为酸枝木制，案面上有翘头，牙板、牙头浮草龙纹样，侧面两腿间透雕草龙纹。方腿直足，下有方形脚托。

清式

电视柜

此电视柜为红酸枝材质，柜面方正，下有四屉，屉面浮雕蝠纹，腿做三弯式处理，牙板与腿面浮雕云蝠纹。

清式

西番莲纹平头案

此案是典型的平头案样式，案面平直光素，案板侧面透雕西番莲纹。案面下牙板浮雕西番莲纹。案腿方直，腿下有方形承托。整器端庄大气，装饰华美。

清式

云蝠纹平头案

此条桌为红酸枝制，其牙板、牙头浮雕蝙蝠与祥云纹样，牙板中间做镂空雕如意形装饰。方腿直足，下有方形脚托。

明式

夹头榫翘头案

此翘头案为红酸枝制，其牙板、牙头浮雕蝙蝠与祥云纹样，牙板中间做镂空雕如意形装饰。方腿直足，下有方形脚托。

明式

插肩榫画案

此案为红酸枝制，案面平直，面下冰盘沿，牙板光素无雕饰，牙头做如意云头样式。腿与牙板桌面以插肩榫相连。侧腿间单横枨，方腿直足，脚处有回纹雕饰。

明式

架几案式书案

此架几案为红酸枝制，案面平直方正，案腿为透空式矮架，上部有小屉，腿下有龟脚。整体简洁素雅、古朴大方。

清式

云福纹边架几案

此案为红酸枝制，案面平直方正，案面浮雕蝙蝠、云纹，案腿为矮架式，腿面透雕蝙蝠、寿桃、祥云等。整体器形简单明了，雕刻精细美观，彰显华丽。

明式

写字台

此写字台为红酸枝制，案面平直，整体边角处为圆形，整体感觉饱满圆润，面下有四屉，腿间有屉和隔板，下有镂空脚踏。

明式

圆包圆画案

此画案为红酸枝制，案面平直，腿间有屉，下有隔板，腿脚处以罗锅枨相托。整体大气简练，素面无雕饰，展现自然木质的纹理美。

明式

四面平带翘头条桌

此书桌为红酸枝制，案面两端有翘头，面下三屉，腿间霸王枨相托，方腿直足内翻马蹄足。整体简洁明快，端庄秀丽。

明式

灵芝纹几形画案

此画案案面光素，自束腰以下满雕灵芝纹，整体雕工细腻，纹饰自然流畅，展示出非凡的贵气与华丽。

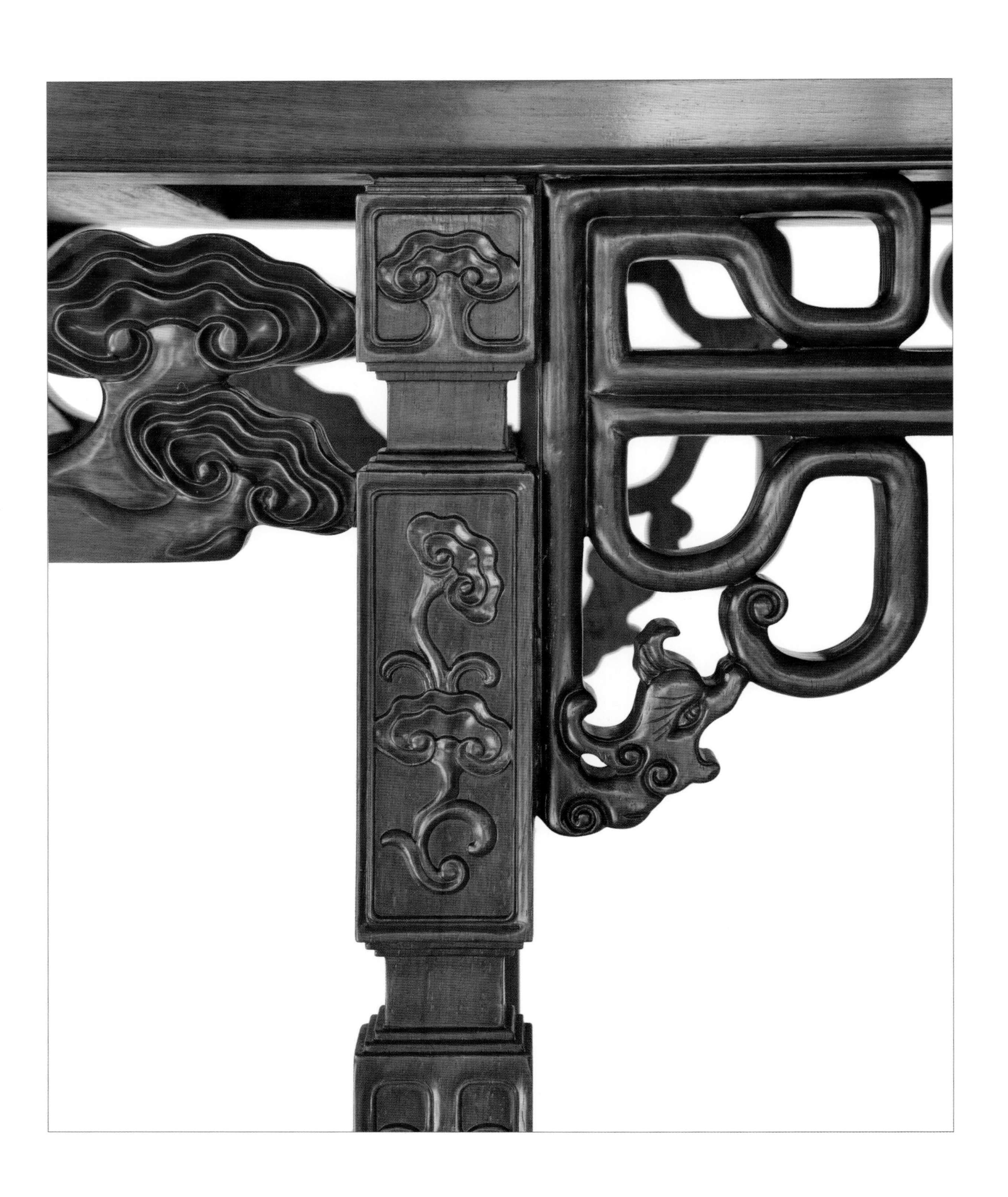

清式

灵芝纹下卷琴桌

此画案为红酸枝制，案面光素两端内卷，翻卷处做灵芝案头，雕工精巧，牙板处做圆环构件，牙头为蜿蜒卷曲的螭龙纹，样式精巧美观。腿面处浮雕灵芝纹样，下雕饰灯笼穗。样式古朴，蕴含古典韵味。

清式

古铜纹平头条桌

此条桌为紫檀制，案面平直，面下牙板、牙头做卷云纹，牙板上浮雕卷云纹，牙板正中做灵芝头样式。方腿直足，腿面做两柱香阳线，腿中间部位做两如意头分割。样式古朴典雅。

明式

翘头联二厨

此桌为红酸枝制，案面两端出翘头，面下有两屉，屉脸光素无雕饰，安有黄铜提手。牙头做镂空卷云纹。四腿外撇，线条舒展流畅，造型古朴。整器雕工精妙，古意盎然，利落雅致。

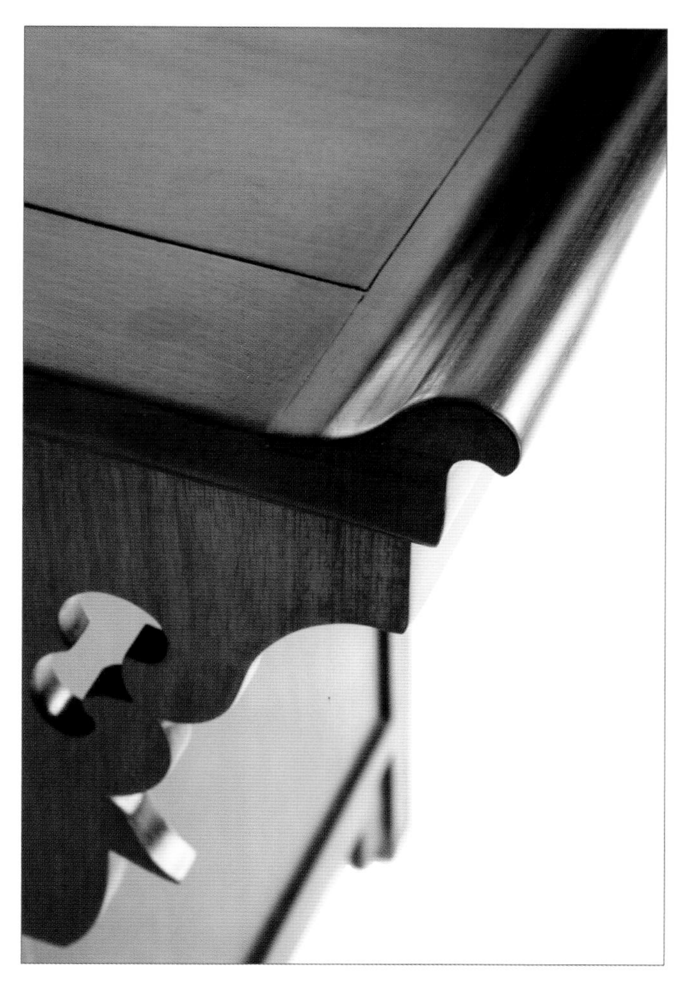

明式

七巧桌

此画案为红酸枝制，“七巧桌” 面下牙板垂洼堂肚，素面无雕饰，桌子下部踏脚采用“冰绽纹”的构造，每个纹样的结合处都有很精细的卯榫结构，这使七巧桌显得格外精美、灵巧，同时，也加强了结构的稳定与牢固，并把文人的儒雅风采尽显其中。

清式

灵芝八仙桌

此八仙桌为红酸枝制，桌面方正，面下束腰，牙板镂雕灵芝纹样，与回纹相结合。腿上方下圆，脚处外翻卷草纹构件。

明式

写字台三件套

此写字台三件套为黄花梨木制，书柜呈现齐头立方式，上部柜门为玻璃，中间有两屉，下部为方门板，上雕饰梅兰竹菊四君子纹饰。椅子为标准的明式官帽椅，简洁素雅，线条流畅。办公桌整体方正，面下有四屉，腿间有两屉，踏板为裂冰纹，脚呈回纹形内翻。

明式

圆桌

此套家具为花梨木制，圆台、圆凳皆素面无雕饰，造型圆润优雅。腿与牙板以插肩榫相连，下有托泥脚。造型饱满，颇具张力，在视觉上给人以舒适感。

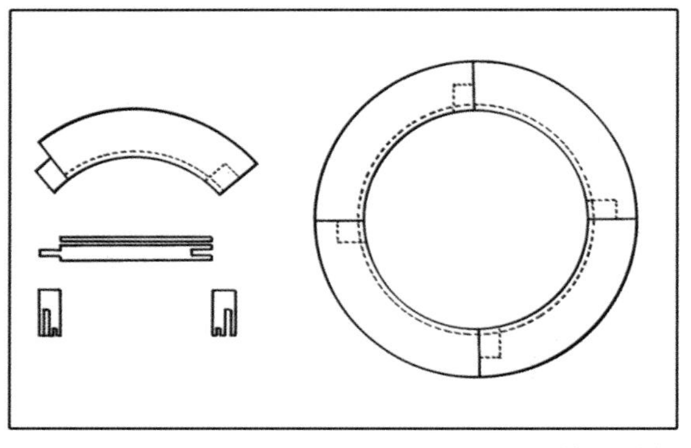

攒边打槽装板

清式

福寿纹圆桌六件套

此圆桌桌面为正圆，桌面下有束腰，束腰处有长圆孔洞。牙板处浮雕蝠纹与寿桃，寓意福寿如意，和睦安康。桌腿三弯式结构，外翻马蹄足，足内侧有卷草纹式，外侧为如意纹。腿上部浮雕祥云纹饰。足下有圆形托泥。托泥脚呈卷云纹，与托泥一木连做。整体古朴优雅，雕刻精致华美。

明式

展腿式梅花纹方桌

此桌为黄花梨制，案面方正，牙板处浮雕梅花图案，雕工精巧，美观大方，牙板下有罗锅枨，枨靠近腿处镂雕梅花枝，圆腿直足。

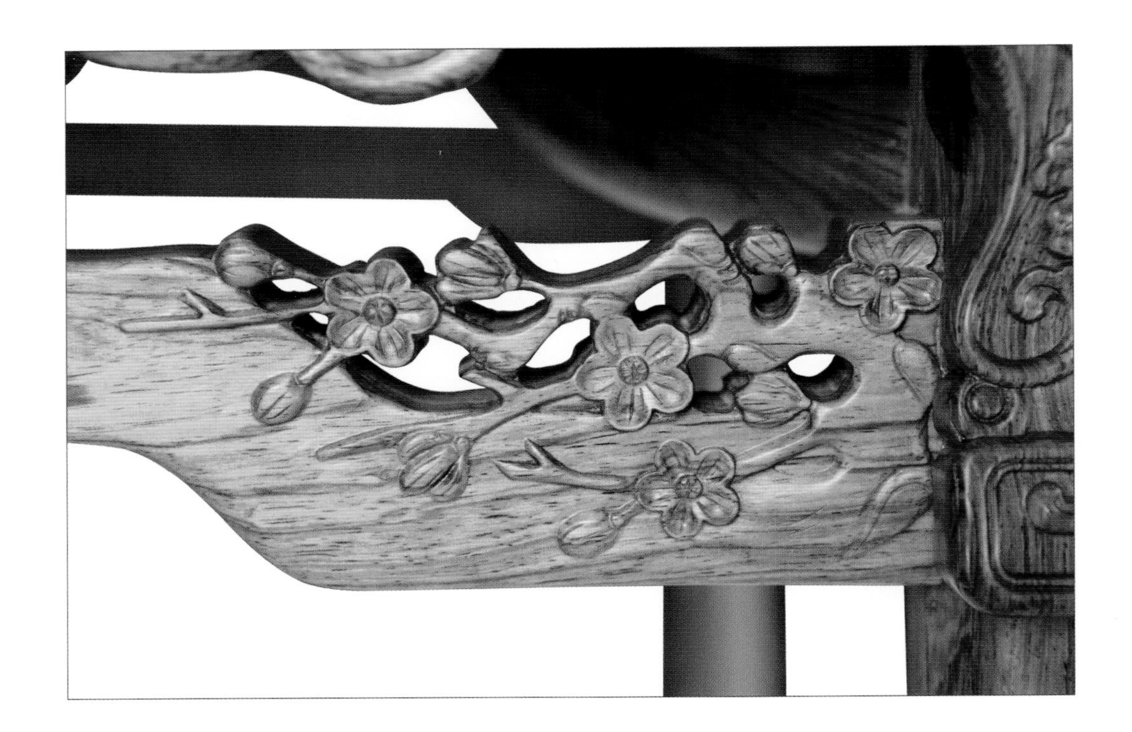

明式

雕凤餐桌

此套餐桌为花梨木制，桌为长方形，牙板处浮雕凤纹、云纹、卷草纹，腿与桌面以霸王枨相连，起到了稳固的作用。椅为官帽椅款型，无扶手边框，腿间步步高横枨。

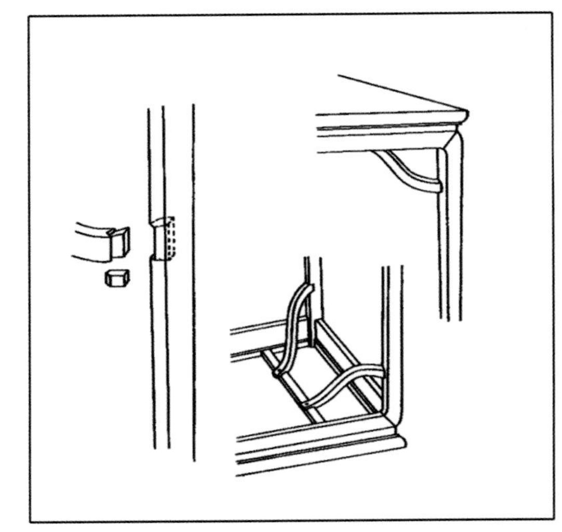

霸王枨结构

明式

方圆桌组合长桌套件

此套餐桌为红酸枝制，餐桌为一方桌，两个半圆桌组合而成，面下束腰，牙板光素，方腿直足，内翻马蹄足。

明式

方桌五件套

此套餐桌为红酸枝制，餐桌为一方桌，面下有束腰，罗锅枨位于腿间，方腿直足，内翻马蹄足。椅为官帽椅形，有靠背无扶手。

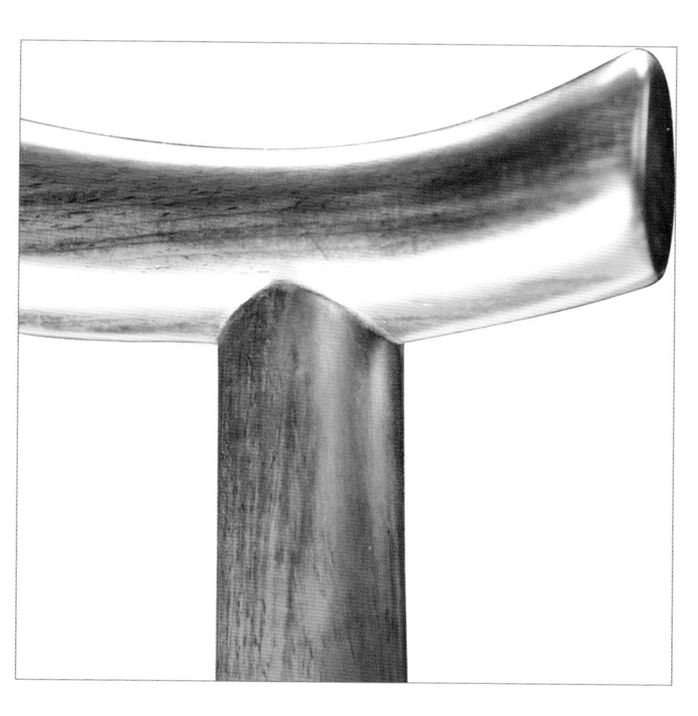

明式

方桌、柜、椅组合六件套

茶桌方正，牙板为螭龙拐子纹装饰，方腿直足，内翻马蹄足。椅子整体给人方正感，靠背板浮雕变体寿字纹样，牙板浮雕回字纹。腿间步步高横枨。

圆材闷榫角接合（出榫一单一双）

步步高赶枨

在传统家具结构中，有一些椅子四脚之间有木方相连，学名叫“管脚枨”。而在椅子脚枨部位，前枨做得最低，两侧枨做的较高，后枨最高，行家将家具的这种结构称之为“步步高”赶枨，寓意“步步高升”之意。其目的是在结构中避免榫眼集中，有损坚实。

细节放大图——祥云拐子纹

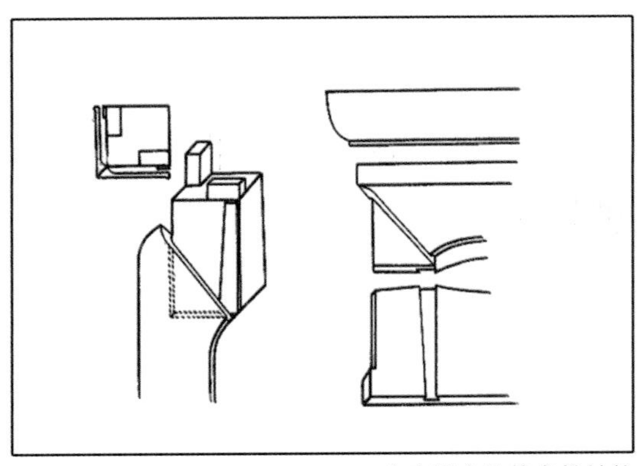

有束腰家具抱肩榫结构

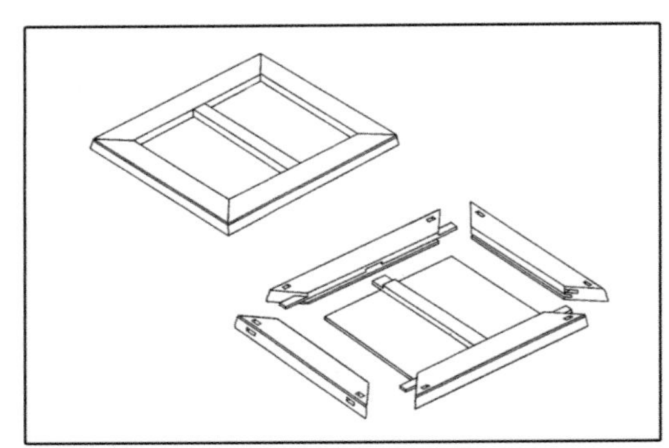

攒边打槽装板

抱肩榫

抱肩榫指有束腰家具的腿足与束腰、牙条相结合时所用的榫卯。从外形看，此榫的断面是半个银锭形的挂销，与开牙条背面的槽口套挂，从而使束腰及牙条结实稳定。抱肩榫的做法采用 45° ，榫肩出榫和打眼，嵌入的牙条与腿足构成同一层面，是有束腰的明清家具的常用卯榫构造。

细节放大图－龙纹

细节放大图－龙纹

明式

三屉大炕案

案的长度将及两米，可在炕上靠墙摆放，亦可摆放在成对大柜前的地面上，正面牙条起线铲地雕卷云，侧面挡板线雕方框，翻出云头，为明代常用图案。

清式

灵芝中堂

此套灵芝中堂为红酸枝制，条案的翘头与牙板浮雕灵芝纹样，椅子靠背与扶手边框透雕灵芝纹样，靠背中心处镶大理石圆板，方桌牙板处以回纹攒边，透雕灵芝纹。灵芝为古代仙草，寓意吉庆祥瑞、如意平安，寄托了人们美好的愿望。

清式

荷花中堂

此套荷花中堂为红酸枝制，条案翘头很高，牙板与牙头透雕莲花和莲藕的纹样，椅子靠背与扶手边框圆雕莲花纹样，方桌牙板处以回纹攒边，内雕莲藕与荷叶。其中条案牙板正中，椅子靠背板中心部位，以及方桌的牙板中心，都有八仙过海浮雕纹式，雕刻精美，寓意祥和。

第三节 床榻类

清式

云龙纹架子床

此雕龙架子床为红酸枝制。床上四沿向外喷出，镂雕龙纹。沿下绦环板处透雕龙纹。床主体以八根立柱相连，立柱上盘龙。床围子处透雕龙纹，床面下有束腰，腿与牙板处浮雕龙纹。此床雕工精致华美，线条舒展细腻，整体气势非凡，工艺精美。

明式

月洞门架子床

此床为黄花梨木所制，属于月洞式架子床，床腿呈三弯式，与牙板相连，牙板处雕刻有卷草纹与螭龙纹。牙板上是束腰，束腰雕饰有凤凰、石榴、梅花、莲花等纹样。束腰以上是床板，床板四周安有床帏，正面床帏呈月洞状，床帏以四簇云纹攒接。

清式

花鸟月洞门架子床

此床材质为红酸枝，属于月洞式架子床，床腿呈三弯式，与牙板相连，牙板处雕刻有卷草纹样。牙板上是束腰。束腰以上是床板，床板四周安有床帏，正面床帏呈月洞状，镂空雕刻有花卉纹样。雕工精致华美，线条舒展细腻。

清式

花鸟罗汉床

此床为红酸枝木制，三屏式床帏，搭脑圆雕凤首兽首，背板分三屏，浮雕花鸟纹样，两侧扶手边框面浮雕花鸟纹样。床面光素，面下束腰，束腰浮雕兽首。直牙板，牙板正中垂洼堂肚。直腿方足，足内翻浮雕回纹。

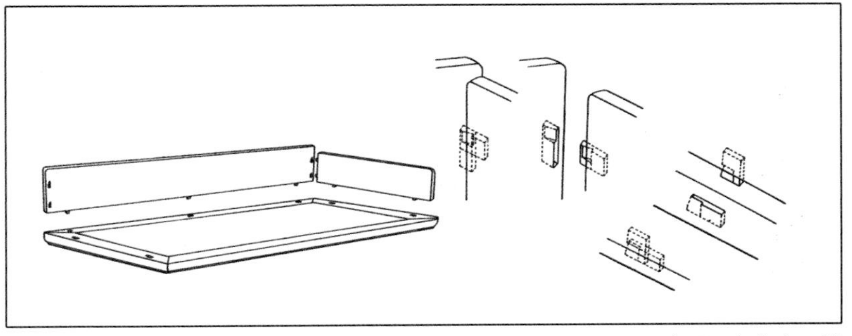

罗汉床围子上的走马销

清式

云龙纹罗汉床

此床为红酸枝制，造型优美，雕刻不惜工本，床面光亮如镜，床面上三面装有围子，后围板上满浮雕祥龙及祥云纹饰，左右两侧围板双面满浮雕祥龙纹样。面下有束腰，彭牙鼓腿，皆满雕龙纹及祥云，床腿较扁弯曲弧度大，下接方脚并托泥，托泥亦满雕海水纹。有同造型及纹饰的配套脚榻、炕桌，此罗汉床为一套不可多得的精品佳作。

清式

博古罗汉床

此床为红酸枝制，使用三屏状床帏，背板上搭脑处透雕西番莲纹，靠背板和边框板浮雕博古纹，面下有束腰，束腰浮雕回纹，鼓腿彭牙，腿内翻。腿与牙板浮雕西番莲纹。

清式

云龙纹罗汉床

此床为红酸枝制，床围子浮雕云龙纹，面下有束腰，方腿直足，内翻马蹄足，牙板正中垂洼堂肚，腿与牙板浮雕龙纹。

明式

三屏风攒接围子曲尺罗汉床

此罗汉床为黄花梨木制，床背板和扶手边框处皆为棂格状木条攒接，这一特殊的造型被命名为曲尺纹，床面光洁平滑，面下有束腰，彭牙鼓腿，内翻马蹄足，牙板平直，通体无雕饰。

明式

三帷独板罗汉床

此床为黄花梨制，采用三屏状床帏，围板光素，面板下有束腰，彭牙鼓腿内弯马蹄。整床通体光素，造型古朴优美，给人以自然优雅，清丽脱俗之感。

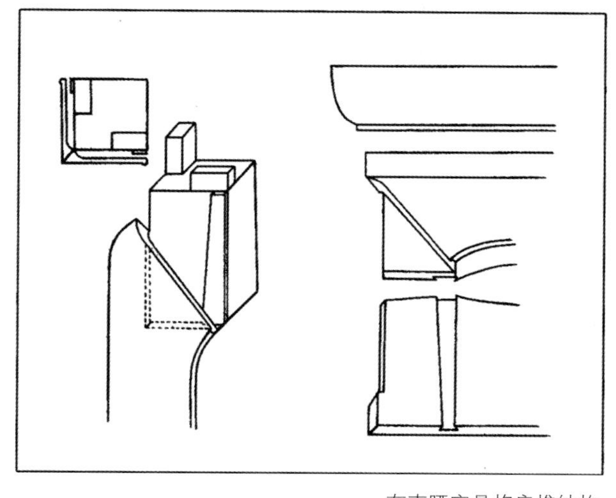

有束腰家具抱肩榫结构

席梦思双人床

此床为黄花梨制，床头以回纹形为主，靠板浮雕花卉，床面下束腰处浮雕螭龙纹，腿与牙板浮雕西番莲纹。

第四节 柜格类

明式

品字格书架

此书架为红酸枝材质，上分书架三层，品子格围栏，围栏上饰双圆环。中部为双屉，屉面带铜拉手，下为柜膛，柜板素面无雕饰，腿间壶门券口牙板。整体古朴雅致，清新明快为典型明式风格。

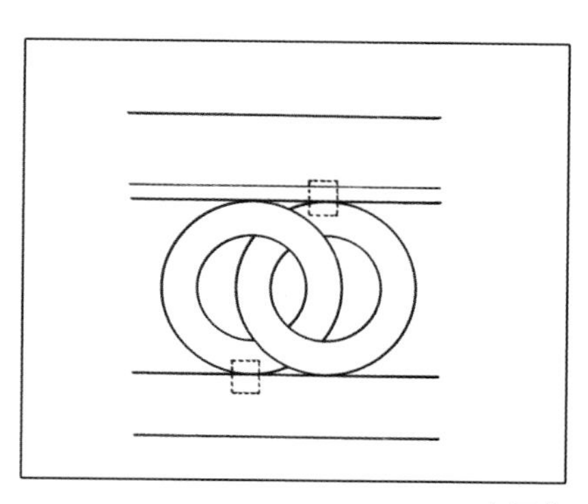

卡子花

清式

龙凤多宝格

这件精美绝伦的龙凤多宝格柜为红酸枝制，融合一流的选料、精湛的技艺、完美的设计于一体，与深藏于清宫的龙凤多宝格陈列柜相似，秉承传世古典工艺的要领，产品结构严谨，线条优美，造型大气，堪称明清风格的典范，让人赏心悦目。其中两多宝格通身满雕纹饰，以古典人物故事画为主，其中雕龙多宝格上雕人物故事多以男性为主，雕凤多宝格人物故事多以女性为主。多宝格不仅是精美雕工的展示，更承载了中华的古典文化，其文化意蕴深厚。

清式

龙柜三件套

龙柜为红酸枝所制，此柜齐头方身，棱角分明，整体雕龙九十九条，形态各异，生动形象。顶柜柜门、立柜柜门、挡板雕云龙。其格子后背板浮雕祥龙吐水纹样，形象逼真，刀法精妙，为整体一木连做，柜腿之间有牙板，牙板满雕云纹，柜腿方直包黄铜。合页、黄铜条面和吊牌仿古制。

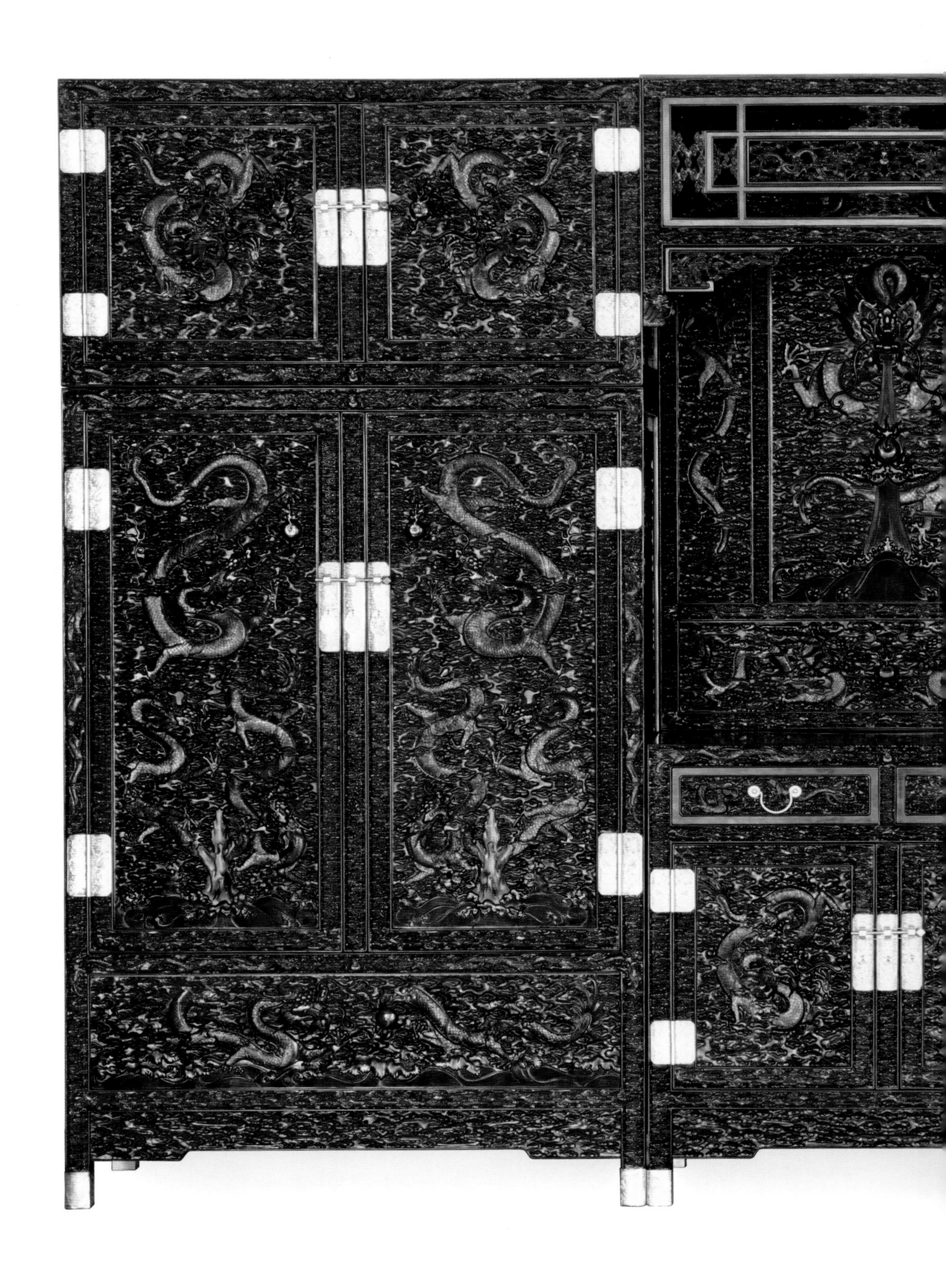

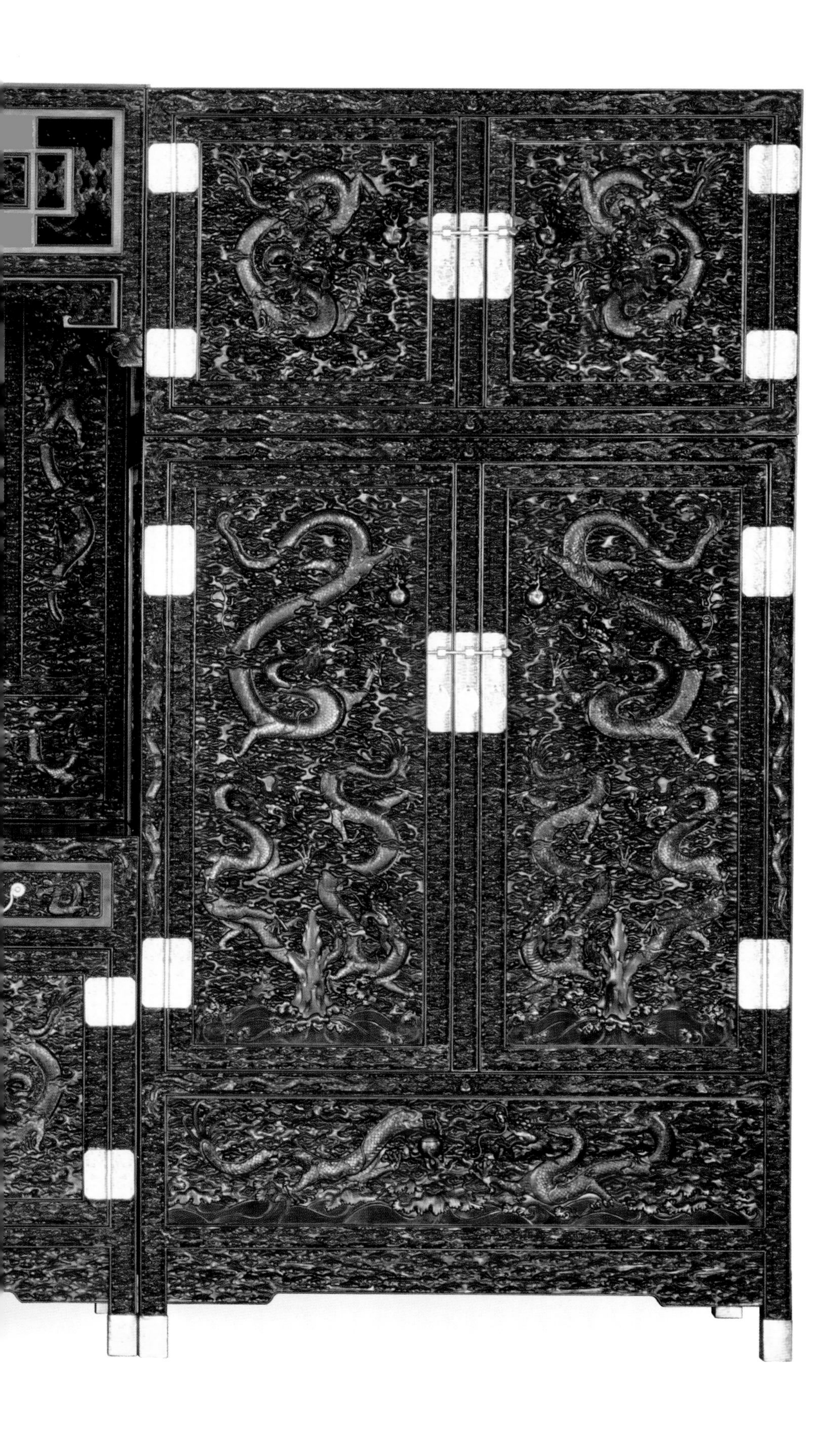

清式

八宝八仙纹顶箱柜

此柜为红酸枝制，此柜齐头方身，棱角分明，合页、黄铜条面和吊牌全是仿古制铜活，顶柜柜门雕八宝，立柜柜门雕八宝，云纹做底面装饰，挡板亦雕蝙蝠与云纹，柜腿之间有牙板，牙板光素无雕饰，柜腿方直包黄铜。

清式

寿字画柜

此柜为紫檀木制，齐头方身，棱角分明，柜面浮雕文字，柜面浮雕变体寿字，古朴雅致，韵味无穷。

清式

云龙顶箱柜

此柜为红酸枝制，齐头方身，棱角分明，顶柜柜门雕云龙纹，立柜柜门雕云龙纹，挡板亦雕云龙纹。柜腿之间有牙板，牙板光素无雕饰，柜腿方直包黄铜。合页、黄铜条面和吊牌古制。

清式

雕水龙画柜

此画柜为红酸枝制，柜呈齐头立方式，边框有凹槽。柜分三层，上边两层为推拉式面板，内有暗屉，面板外框雕龙纹，内框满浮雕云龙、火珠等纹饰。高牙板亦雕云龙纹，柜腿笔直，黄铜包脚。环身满浮雕云龙纹。

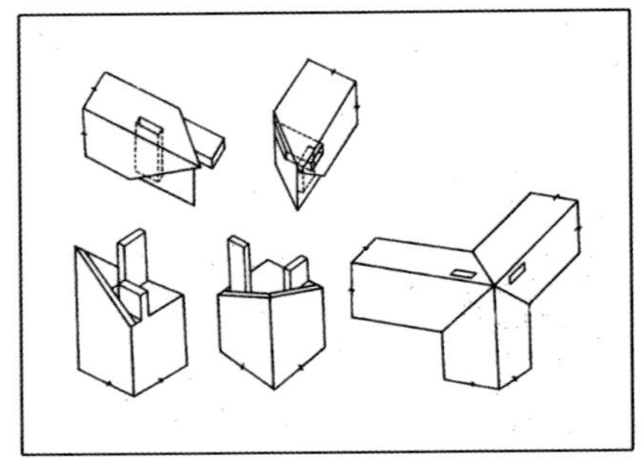

粽角榫接合

清式

花鸟画柜

此柜为红酸枝制，画柜柜面浮雕梅兰竹菊，画柜外框雕回纹边饰。柜腿间壶门式牙板，中间有分心花。

清式

云龙小柜

此柜为红酸枝制。矮小方正，上部两屉面浮雕龙纹，下部柜板面浮雕云龙纹。腿间有牙板，足处包铜活。

清式

云龙纹顶竖柜

此衣柜为红酸枝制，整体呈齐头立方式，柜门与侧山浮雕龙纹，雕刻精美，有极高的艺术价值。

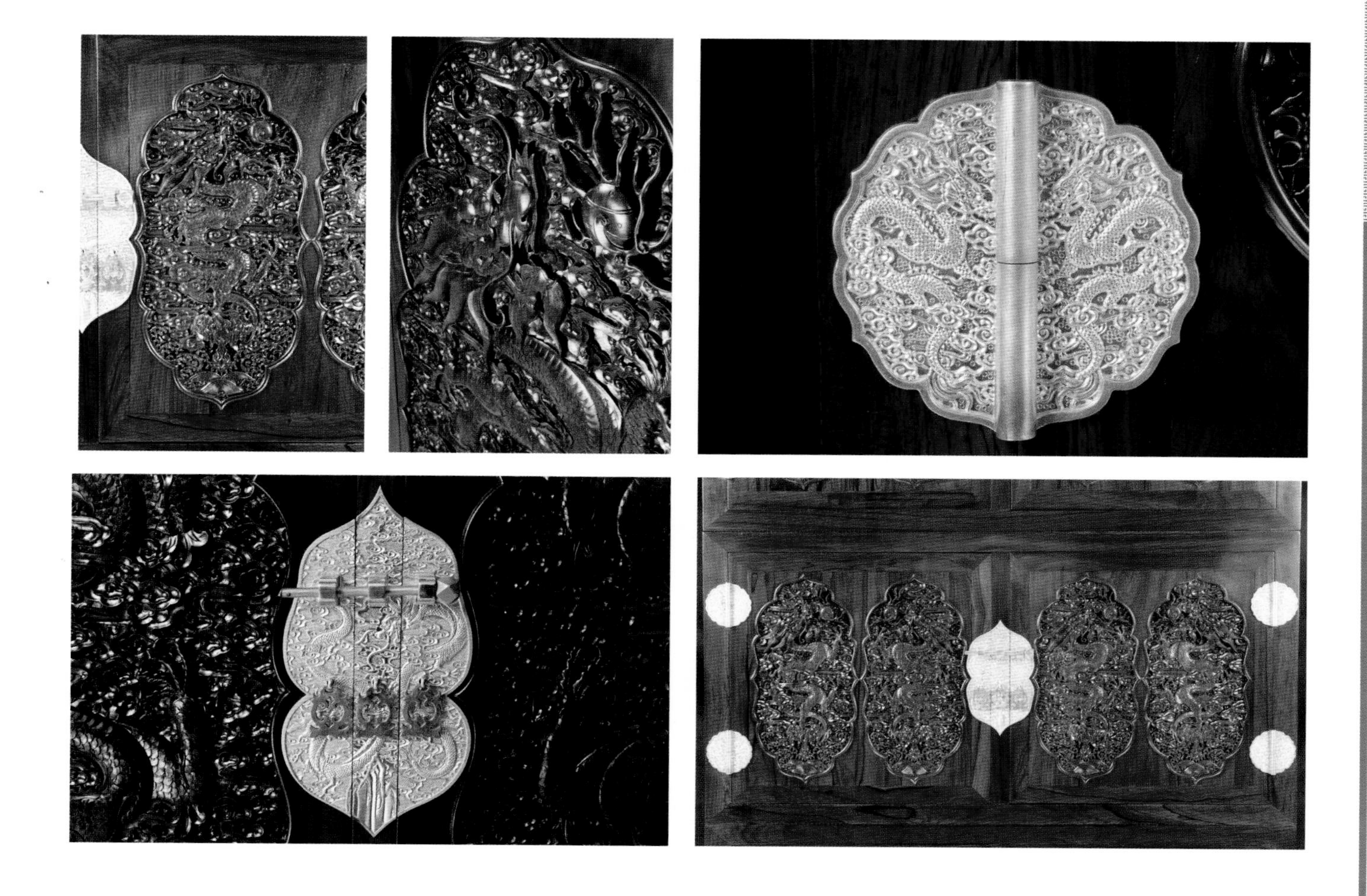

清式

梅兰竹菊书柜

此书柜为红酸枝制，书柜通体方正，造型上显得刚劲有力。柜子上部是两扇对开的镂空柜门，透雕梅兰竹菊。柜门以黄铜合页与柜身相连，两门之间装有黄铜条面页。中间是两屉，屉脸浮雕梅兰竹菊，装有黄铜吊牌。下方是两扇对开柜门，柜门雕有梅兰竹菊，柜门间安装黄铜条面页。柜腿之间有壶门牙板，牙板光素。

明式

无柜膛圆角柜

此柜为黄花梨木制，上窄下宽，四圆足侧脚外撇。柜门对开，装黄铜页面牌子，柜门与柜身之间以门轴相连。柜脚间有牙板，整器光素无雕刻，造型古朴优雅。

明式

四平顶箱柜

此柜为黄花梨制，整体齐头立方式，顶柜柜门为独板，衣柜柜门为独板，挡板为独板，柜门之间装有条面页，柜门以黄铜合页与柜身相连，柜腿之间装有牙板，脚包黄铜，整器造型简洁无雕刻。

明式

变体圆角柜

此柜为黄花梨制，此柜圆角喷出。上部是对开门的柜子，柜门与柜身之间以门轴相连。柜脚间有牙板，整器稳重大方，造型复古。

明式

多宝格

此多宝格为黄花梨制，整体齐头立方式，多宝格上部开孔，正面及两侧透空，多宝格下平设抽屉两具，抽屉下设柜子，柜下镶有壶门牙板。

明式

多宝格

此多宝格为红酸枝制，造型优美，柜身被分为不规则的数个空间。每个空间都装有镂空博古纹牙边。在架子下方有一屉一门，屉脸雕花纹，柜门雕刻花卉纹饰。柜下束腰，牙板为壶门形。

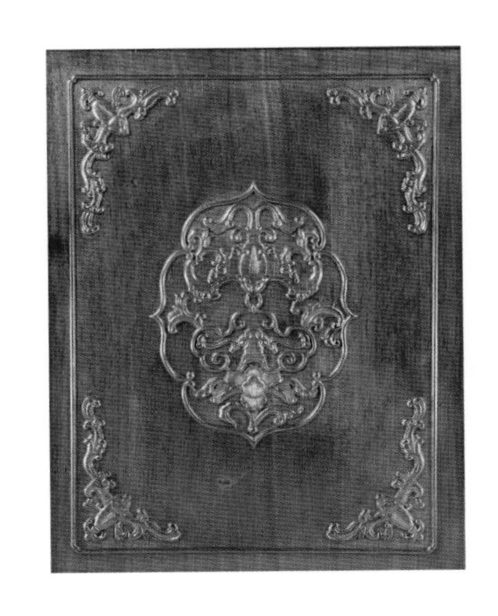

清式

福庆有余多宝格

此多宝格上部分横竖格子，格子衔接处成回纹内卷状，角花处为蝠纹雕饰，格子之间挡板处透雕蝠纹，格子下部为抽屉，抽屉面浮雕蝠纹，下部柜门浮雕蝠纹。整器方正，样式古朴典雅。

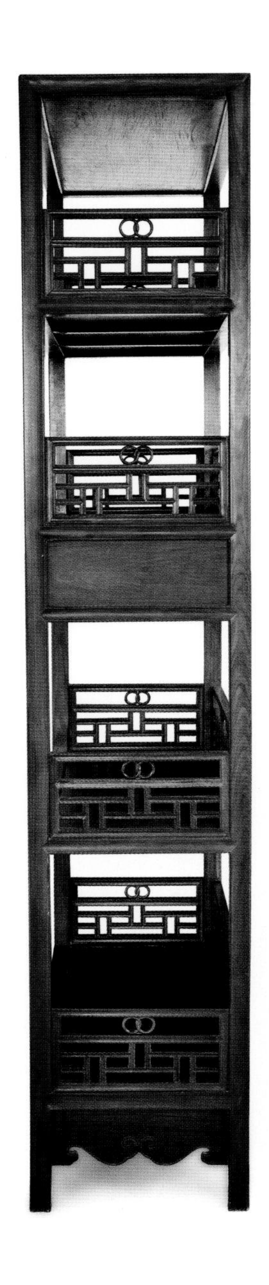

明式

攒接品字栏杆加卡子花架格

此书架为红酸枝制，通身四层，第二层之下，暗抽屉两具。屉面浮雕螭龙纹，三面栏杆用横竖材攒成，腿间有壶门式牙板。整体比例匀称，结构简洁明快，风貌不凡。

清式

龙头多宝格

此柜为红酸枝制。柜身可分三部分，上部被分成不规则的数个空间，上部圈口处装饰有卷草纹，在竖隔断之间有立柱，立柱上调龙纹，侧山镂空，圈口处也装饰有卷草纹。中间有屉，屉脸上装有叶子状吊牌。柜子的下部是对开的柜门，柜门上浮雕龙纹。

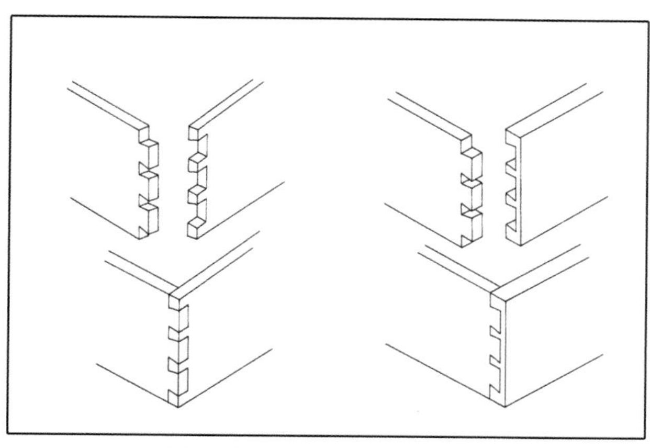

平板明榫角接合　　平板一面明榫角接合

清式

大多宝格

此多宝格为红酸枝制。整体方正，其上部格子左侧为方形，外侧挡板透雕蝙蝠纹样，下有小屉，屉面浮雕螭龙纹，多宝格中格子无柜门，便于展示格中的精美展品。下部位四小屉，可置放些许小件。格腿间为罗锅枨形，有三小立柱为矮老相托。

明式

梅花多宝格

此多宝格为红酸枝制，造型优美，柜身被分为不规则的数个空间，左上空格装饰梅花形镂空格挡。每个空间都装有镂空博古纹牙边。在架子下方有一屉一门，屉脸雕有卷草纹，柜门雕刻四季平安纹。柜下束腰，彭牙三弯腿。

清式

云龙纹大多宝格

此多宝格整体方正，凡面板处皆浮雕云龙纹饰，上分为五格，格下有双抽屉，抽屉下为柜，柜面浮雕云龙纹，雕刻精致，形象生动。腿间牙板浮雕二龙戏珠纹。

清式

鞋衣柜

此柜为红酸枝制。柜上部分为挂衣架，有突出的龙头形挂钩，搭脑两端突出，为卷草形，搭脑下为回纹角花，外侧有倒挂花牙，中牌子处镂雕螭龙纹，下有站牙抵夹。下部为鞋柜，柜面浮雕梅兰竹菊。

第五节 其他类

清式

镶大理石座屏

此座屏为红酸枝制，座屏圆形边框内镶嵌大理石，石面纹路为层峦叠嶂的山峰，意境高远，下为托座，内镶嵌螭龙纹，造型精美，古朴雅致。

清式

灯杆

此灯架为红酸枝制，灯托下为回纹角牙倒挂，灯杆通到灯底托上方，灯杆边框底下两侧有站牙抵夹，底座厚实给人以稳固感。

清式

佛龛

此佛龛为红酸枝制，佛龛为供奉佛像、神位等的小格子，形式取自我国古代的石窟。龛原指掘凿岩崖为空，以安置佛像之所。据《观佛三昧海经》卷四记载，一一之须弥山有龛室无量，其中有无数化佛。后世转为以石或木，作成橱子形，并设门扉，供奉佛像，称为佛龛。此龛上有冠冕，透雕二龙戏珠，帽下有垂柱，格子外有隔板，透雕卷草纹，龛下为柜，柜面上有围子，柜门与屉面浮雕莲花纹样与蝙蝠纹样。矮腿、壶门式牙板。

明式

风纹衣架

此衣架为红酸枝制，两块横木做墩子，上植立柱，立柱前后有站牙抵夹，站牙为螭龙纹，两墩之间安有横直材组成的棂格，使下部联结牢固，并有一定的宽度，可摆放鞋履等物。其上加横枨和由两块两面做透雕风纹绦环板构成的中牌子，图案整齐优美，最上是搭脑，两端出头，立体圆雕立体的花叶纹。凡横材与立柱相交的地方，都有雕花挂牙和角牙支托。

清式

镶玉大地镜

此屏风为红酸枝制，此插屏为独扇，内板正面镶嵌玉石，为鹿鹤同春图样，背面为描金云纹与蝙蝠纹样。外部为长方形木框，外框浮雕卷草纹，外框有两矮立柱，立柱两侧有站牙抵夹，下绦环板处透雕卷草纹，披水牙子处浮雕卷草纹。

笔筒

图书在版编目（CIP）数据

明清家具鉴赏 : 榫卯之美 / 郭希孟主编 . -- 北京 : 中国林业出版社 , 2014.9

ISBN 978-7-5038-7649-3

Ⅰ . ①明… Ⅱ . ①郭… Ⅲ . ①家具－鉴赏－中国－明清时代 Ⅳ . ① TS666.204

中国版本图书馆 CIP 数据核字 (2014) 第 218460 号

主　　编：郭希孟

副 主 编：郭凯华

编写人员：贾　刚　栾卫超　徐慧明　许　斌　孙志彪
卢海华　席　君　涂先明　王维海　王秀丽
王幼乐　郭晓强　杨　颖　张保利　张国丰
周明艳　谢丹凤　沈雷洪　尹四平　陈　彪
何俊伟　郭　婧　孙蓉蓉　施　娟　姜　丽
钟　琳　陈　希　孙敬涛　田桂滨　陈奕君

责任编辑：李　宙　王思源

摄　　影：程亚恒

出版：中国林业出版社

（100009 北京西城区德内大街刘海胡同 7 号）

网址：http://lycb.forestry.gov.cn/

E-mail: cfphz@public.bta.net.cn

电话：（010）8322 8906

发行：中国林业出版社

印刷：北京利丰雅高长城印刷有限公司

版次：2014 年 10 月第 1 版

印次：2014 年 10 月第 1 次

开本：1/16

印张：20

字数：250 千字

定价：320.00 元